日本書紀の鳥

山岸　哲
宮澤豊穂

KYOTO UNIVERSITY PRESS

京都大学学術出版会

まえがき

『日本書紀』は，今からおよそ1,300年前の奈良時代に成立した日本に伝存する最古の国家史書である。同じく奈良時代に編纂されたとされる『古事記』と共に，日本のみならず東アジアの古代史，文学史，言語学における重要史料の一つであり，そこには「歴史」として記述されたかたちで，私たちの祖先の世界観，自然観が生き生きと示されている。他の国々に伝わる神話と同様，『日本書紀』の中に動物についての記述が豊かなことは，これまで何人かの学者が指摘してはいるが（例えば最近では平藤（2019）など），中でも鳥についての記述は特徴的と言って良いほどに多い。著者の一人宮澤は，2009年に『日本書紀 全訳』（718頁）を「ほおずき書籍」から上梓した。その執筆中に，何種類もの鳥が頻繁に登場することに気づき，それらを網羅的に拾い上げた。その資料を基に，山階鳥類研究所を退任した山岸が該当する鳥類に生物学的な考察を加え，この同郷で高校同窓の二人が最終的に目を通し話し合ってまとめ上げたのが本書である。

そもそもなぜ古代の日本人がこれほどに鳥を史書の中に登場させたのか。それについての本格的な考察は，神話学や民俗学，文化人類学などの専門家に任せるべきだろうが，鳥類学の立場から，『日本書紀』を題材にして，人と鳥との関係を概観してみるのは意味がある。種の同定，分布・生態の変化や人による利用の歴史といった生物誌の観点はもちろんだが，それが死生観も含めた人の自然認識のいわば原点なのであれば，その原点に戻って，今の我々について考える契機にもなろう。こうした試みは，すでに動物学者で郷土史家の東光治によって『万葉集』に登場する動物についてなされているが（東 1935, 1943），本書の最終章（35 章）では，『日本書紀』と『万葉集』に現れる鳥の種の比較から，古代政治と鳥の関係について私見を述べてみた。古代史や文献学の専門家のご批判をいただければ幸甚である。

本書で取り上げた鳥類は 34 分類群にのぼるが，「朱雀」「鳳凰」のように実在しない鳥は本文では取り扱わなかった。取り上げた各鳥類についての配列順序は，基本的にはその種類が『日本書紀』に登場する順序とした。また，鳥の生態や人と鳥の関係を示す興味深い事柄についても，コラム（「閑話鳥題」）という形で紹介した。

鳥類の古名や異名については，『図説・日本鳥名由来辞典』（菅原浩・柿澤亮三編著 1993，柏書房）に大変ご厄介になった。逐一書き記す煩雑さを避け，ここでそのことを明記して，ご両人に感謝の意を述べたい。

本書は，鳥類図鑑の役割も持つが，鳥の形，色などは図に任せることにし，大きさは『日本の野鳥（第 2 版）』（水谷・叶内 2020，文一総合出版）に従った。学名は末尾の鳥名索引に示した。鳥の挿絵図は，特に断らない限り『最新日本鳥類図説』（内田清之助 1974，講談社）の，故小林重三画伯のものを使わせていただいた。小林画伯のお孫さん内田孝人氏に心から感謝致します。

今では，スマートフォンに向かって鳥の名前を言えば，画像はすぐに見られるし，鳴き声すら簡単に聞くことができる。けれども，その姿や生態は学べても，歴史の中での鳥と人の関係や，鳥に込められた社会的意味などは余り知られていない。

本書は主に文系向きの読者の方々に鳥類の生態や社会を知っていただくことを目的として書かれたが，その一方で，鳥類に興味を持ち，ここに書かれたことをすでにご存じの理系の専門家の方々が，鳥を窓口として『日本書紀』，さらには古代の人たちの暮らしや自然認識に興味を持っていただくことも二人の願いである。

なお，本書中の『日本書紀』原文（漢文）は『新訂増補 国史大系 日本書紀（前・後編）』（黒板・国史大系編修会編輯 2000）及び『日本書紀 1 ～ 5』（ワイド版岩波文庫，坂本ほか 2003）により，訳文は宮澤の上掲書によるものである。神名は，通常は片仮名で表記されることが多いが，上掲の訳本では平仮名表記になっているので，本書全体を平仮名表記で統一してルビを付した。それぞれの説話の引用は最小限の長さにとどめたので，その説話の前後の流れを知りたいときには，上掲書を参照していただきたい。また，原文・訳文・本文など文献テキストを区別しやすくするため，原文は「ゴチック・ボールド」，訳文は「明朝」の活字を使った。

最後になったが，情報人類学・人間動物関係学がご専門の山階鳥類研究所所長，奥野卓司博士には本書第四校を読んでいただき貴重なご意見を賜った。また，和紙貼り絵作家の田辺忍さんには表紙カバーの絵をご用意いただいた。厚くお礼を申し上げたい。

（山岸　哲）

表紙の言葉

表紙の絵の少彦名命（すくなひこなのみこと）は和紙貼り絵でできています。和紙貼り絵は下絵を描いてそこから型紙を作り，和紙を切って重ね貼り合わせながら仕上げていきます。少彦名命の姿は,『日本書紀』の記述に「鷦鷯（みそさざい）の羽を衣服にして」とあります（28 頁）。鷦鷯の衣ではなく鷦鷯に乗ったお姿で描いたら可愛らしく仕上がるのではと考えました。

『日本書紀』では，高皇産霊尊（たかみむすひのみこと）の指の間からこぼれ落ちたと記述があるようにとても小さな神様です。少彦名命は，一寸法師のモデルとなった神様と言われています。

私がこの神様を制作してみようと思ったのは，2019 年から世界を揺るがした新型コロナウイルスのパンデミックがきっかけでした。見えない不安感に人々が包まれている中，何か希望を感じる神様を作ってみたいと考えていました。そんな時，家業の薬店にある大己貴神（おおあなむちのかみ）と少彦名命のお札が目に入りました。

そうだ少彦名命は，薬や病気平癒の神様だったと思い出しました。少彦名命を祀る神社に参拝してから作りたいと思い調べてみると，山梨県甲府市御岳町の金櫻（かなざくら）神社というところにお祀りされている事が分かりました。金櫻神社は，第十代崇神天皇の時代に各地で疫病が蔓延し悲惨をきわめた折，甲斐の金峰山五丈岩に少彦名命を医薬禁厭の守護神として鎮祭されたようでした。やはり今の時代に少彦名命はぴったりだと確信し，コロナ禍終息の祈りを込めて作りました。

（田辺　忍）

目　次

（鳥名は，類を示すときは漢字ないしひらがな，種を示すときはカタカナで表記した。）

日本書紀の鳥

1章

鶺鴒（せきれい）——伊奘諾尊（いざなきのみこと）・伊奘冉尊（いざなみのみこと）に性教育?

『日本書紀』神代上（巻1）に，このような記述がある。

陰神先唱曰。美哉。善少男。時以陰神先言故爲不祥。更復改巡。則陽神先唱曰。美哉。善少女。遂將合交而不知其術。時有鶺鴒飛來搖其首尾。二神見而學之。卽得交道。

（訳）女神がまず,「おやまあ，すばらしいお方ですこと。」と声をかけられた。その時，女神が先に声を発したということはよくないということで，もう一度改めて巡り直された。今度は男神がまず,「ああ，すばらしい女性だ。」と唱えられた。このようにして夫婦の交わりをしようとされたが，その方法をご存じなかった。その時に鶺鴒が飛び降りてきて，その首と尾を揺すった，二神はその動きをご覧になって真似をして，交わり方の方法がお分かりになった。（宮澤16頁）

左上：**図 1-1**　キセキレイ（全長 20cm）
左下：**図 1-2**　セグロセキレイ（全長 18-21cm）
右上：**図 1-3**　ハクセキレイ（全長 21cm）

『日本書紀』に書かれた「鶺鴒（せきれい）」がどの種に該当するのかを判定するのは難しい。わが国ではキセキレイ（**図 1-1**），セグロセキレイ（**図 1-2**），ハクセキレイ（**図 1-3**）が各地で普通に見られる。いずれも全長 20cm ぐらいで，水辺を好んで生息するが，キセキレイは河川上流部に，セグロセキレイとハクセキレイは中下流部に多い。歩くときに長い尾を上下に振るので，長野県では「石叩（いしばたき）」という。英名では Wagtail（尻尾振り）というが，尾を上下に振るこの行動は，尻を振っているようにも見える。つまり，私たちの祖先「伊奘諾尊（いざなきのみこと）・伊奘冉尊（いざなみのみこと）」の二神は，実はセキレイに性教育を受けていたという話だ。二神が高天原から降りたとされる淡路島には，自凝島神社（おのころじまじんじゃ）がある。社内にはセキレイが止まって尾を振ったといわれる鶺鴒石が祀られ，恋人連れや夫婦連れに人気のあるスポットになっている（**図 1-4**）。さらに平安時代になるとセキレイは「嫁教鳥（とつぎおしえどり）」

図 1-4　自凝島神社の「鶺鴒石」（写真：自凝島神社のご厚意による）

図 1-5　セキレイのつがいを飾った「鶺鴒台」（写真：大木素十氏のご厚意による）

と呼ばれるようになり，婚礼に床飾りとして「鶺鴒台」が飾られる地域もある（**図 1-5**）。

キセキレイとセグロセキレイは留鳥で年中見られるのに対し，ハクセキレイは冬鳥である。だから場所と時期が特定できれば，ある程度は予想できるのだが，それがわからないから種判定は難しくなる。

これに対してイワミセキレイ（**図 1-6**）がごくまれに見られる。鳥取県岩美町で最初に観察されたことからこの名がついたが，このセキレイだけは森の中に住み，他のセキレイとは違い，尾を上下ではなく横に振るのが特徴で，「横振りセキレイ」の別名がある。まれにしか出会わないことと，このセキレイの尾の振り方が正しい交わり方か疑問なので，イワミセキレイは候補種から外してもいいだろうと考えられる。

伊奘諾尊（いざなきのみこと）・伊奘冉尊（いざなみのみこと）の二神が天の浮橋に立って，下界を見下ろすシーンが多くの画家によって描かれている。その足元には，いずれ

図 1-6　イワミセキレイ（全長 15cm）

もセキレイが書き込まれている。画家たちも，どのセキレイにしようか，だいぶ迷ったことであろう。尾形月耕の「伊耶那岐伊耶那美二神・立天浮橋図」では，セキレイの腹の色から明らかにキセキレイがモデルと思われる（**図 1-7**）。西川右京佑信の絵（**図 1-8**）と河鍋暁斎の「伊耶那岐と伊耶那美」（**図 1-9**）では，体色の白黒パターンから判断してセグロセキレイかハクセキレイと思われる。

画家たちも，鶺鴒を描くにあたって，そのモデルの選択にはかなり苦労したようだが，結局「イワミセキレイは外す」という私と似た判断を下したようだ。

さて，セキレイを先生にして大切なことを教わった私たち人間だが，その後の成績はどうだったか。江戸川柳にその成果の一部が見られる。**「セキレイは一度教えてあきれ果て」**。先生にもあきれ果てられるほど，私たち人間は上達が早かったようだ。

図 1-7　伊耶那岐伊耶那美二神・立天浮橋図

図 1-8　西川右京佑信画之

図 1-9　河鍋暁斎筆「伊邪那岐と伊邪那美」（公益財団法人 河鍋暁斎記念美術館蔵）

閑話鳥題 1

キセキレイの水洗トイレ

小鳥の子育ては，雛への餌運びが重要だが，雛が排出する糞の処理も親鳥にとっては大事な仕事になる。糞を巣の中やその周りに放置すると，不衛生になって雛が病気になったり，外敵をおびき寄せる原因になるからだ。

雛たちは，孵化後数日間は「糞サック」というゼラチンに包まれた大粒の糞をする。すると，親は何とそれをうまそうに食べてしまう。おそらく雛が小さい時は消化能力が低く，糞中に栄養分がかなり残っているからだと私は睨んでいるが，まだその栄養価を測定した者はない。いずれにしても，多忙な親には代用食にもなり，一石二鳥の糞処理法ではないだろうか。

一週間ほど経つと，雛は親と同じ普通の糞をするようになる。こうなると親はもはやそれを食べることなく，咥（くわ）えて遠くへ捨てに行く。キセキレイではここからが肝心なのだ。親はそれを渓流の水に流すのである。鳥の世界の「水洗トイレ」だが，キセキレイにとっての適応的意味だけでなく，川の中上流部の水中の生態系にとってもなにがしかの意味を持つと思われる。さしずめ「水洗エコトイレ」といったところだろうか。

2章

鶏(にわとり)――常世の長鳴き鳥は東南アジアから

『日本書紀』に鶏が最初に登場するのは神代上（巻1）で，「天照大神(あまてらすおおみかみ)の磐戸隠(いわとがく)れ」の有名な記述である（**図 2-1**）。伝説によると，この磐戸が下界に落ちてできた山が信州の戸隠山であり，著者の一人宮澤は戸隠神社の聚長(しゅうちょう)（戸隠神社への神明奉仕の傍ら全国から集まる信者に祈祷の取次や宿泊などの便宜を図る者）をしている。

于時八十萬神　會合　於天安河邊計其可禱之方。故思兼神深謀遠慮。遂聚常世之長鳴鳥。使互長鳴。亦以手力雄神立磐戸之側。而中臣連遠祖天兒屋命。忌部遠祖太玉命掘天香山之五百箇眞坂樹。而上枝懸八坂瓊之五百箇御統。中枝懸八咫鏡。（一云眞經津鏡。）下枝懸青和幣（和幣。此云尼枳底。）白和幣。相與致其祈禱焉。又猿女君遠祖天鈿女命。則手持茅纒之矟。立於天石窟戸之前巧作俳優。

図 2-1 天岩戸神話の天照大御神（春斎年昌画，明治 20（1887）年）

（訳）この時，八十万の神々は天安河辺で会合し，その祈るべき方法を協議した。ここに思兼神は，深く考え遠く思いをこらしてついに常世の長鳴き鳥を集めて，互いに長鳴きをさせた。また，手力雄神を磐戸の側に隠れ立たせ，中臣連の祖先天児屋命と忌部の祖先太玉命は，天香具山のたくさんの榊を根ごと掘り起こし，上の枝には八坂瓊の五百箇御統をとりかけ，中の枝には八咫鏡（一節には，眞經津鏡ともいう）をとりかけ，下の枝には麻や木綿でつくった青や白の幣をかけて，皆一緒にご祈祷申し上げた。

また，猿女君の祖先天鈿女命は，手に，茅を巻いた矛を持ち，天石窟戸の前に立って，巧妙な演技を見せた。（宮澤 35 頁）

長鳴鳥は「にはとり」の異名であり，**図 2-1** では中央左に描かれている。**「常世の長鳴鳥」** は古代にはるか遠くにあると考えられていた国から連れてきた「にはとり」の意だそうだ。どのくらい遠くから来たのかは後述する。

また，神代下（巻2）の天稚彦(あめわかひこ)の会葬の際にもニワトリは登場する。

天稚彦之妻下照姫哭泣悲哀聲達于天。是時天國玉・聞其哭聲。則知夫天稚彦已死。乃遣疾風舉尸致天。便造喪屋而殯之。卽以川鴈爲持傾頭者及持帚者。一云。以鶏爲持傾頭者。以川鴈爲持帚者。**又以雀爲春女。**一云。乃以川鴈爲持傾頭者。亦爲持帚者。以鴗爲尸者。以雀爲春女。以鷦鷯爲哭者。以鵄爲造綿者。以烏爲宍人者。凡以衆鳥任事。**而八日八夜啼哭悲歌。**

（訳）天稚彦の妻下照姫(したでるひめ)は，大声で泣き悲しみ，その声は天上にまで届いた。この時，天国玉(あまつくにたま)はその泣き声を聞いて，天稚彦がすでに死んでしまったことを知り，すぐに疾風(はやち)を遣わして，死体を天上に持って来させた。そして喪屋(もや)（葬儀を行う場所）を造って，殯(もがり)（死んでから墓へ送るまでの葬儀）を行った。川雁(かわかり)を持傾頭者(きさりもち)（死者の食物を持つもの）と持箒者(ははきもち)（葬儀の後に喪屋を清める箒を持つもの）とし［一説に，鶏を持傾頭者とし，川雁を持箒者にしたという］，また，雀を春女(つきめ)（葬儀用の米をつく女）とした［一説に，川雁を持傾頭者・持箒者とし，しょうびんを尸者(ものまさ)（死者の霊の代わりに立って祭を受けるもの）とし，雀を春女とし，みそさざいを哭女(なきめ)（葬儀にあたって泣く役）とし，とびを造綿者(わたつくり)（死者に着せる衣服を造る者）とし，烏を宍人者(ししひと)（死者に食べ物を調理して供える役）とし，すべて諸々の鳥にまかせたという］。このようにして，八日八夜にわたり，大声で泣き，悲しみ，歌舞をしてしのんだ。　（宮澤 50 頁）

「鶏(かけ)を以て持傾頭者(きさりもち)とし」とある「かけ」はニワトリの古名である。また，この葬儀に際しその重職を「すべて諸々の鳥にまかせた」のは，鳥が神意の媒介者と考えられたからではあるまいか（白川 1994)。さらに，第 26 代・継体天皇紀（巻 17）7 年 9 月の項には，次のような何とも色っぽい記述がみられる。

野絁磨倶儞。都磨々祁眢泥底　播屢比能。眢須我能倶儞儞　倶婆絁謎鳴。阿利等枳枳底。與慮志謎鳴。阿利等枳枳底。莽紀佐倶。避能伊陀圖鳴　飫斯毗羅枳。倭例以梨魔志。阿都圖唎。都磨怒唎絁底。魔倶囉圖唎。都磨怒唎絁底。伊慕我堤鳴。倭例儞魔柯絁毎。倭我堤鳴麼　伊慕儞魔柯絁毎。磨左棄逗囉。多多佡阿藏播梨。矢自矩矢慮。于魔伊禰矢度儞。儞播都等唎。柯稽播儺倶儺梨。奴都等唎。枳蟻矢播等余武。婆絁稽矩謨。伊麻娜以幡孺底。阿開儞啓梨。倭蟻慕。

（訳）八州国（やしまくに）で妻をめとりかねて，春日の国に美しい女性がいると聞いて，檜の板戸を押し開いて私がお入りになると，足の方の夜具の端を取り，枕の方の夜具の端をとりして，妹の手を自分の身に巻きつかせ，私の手を妹に巻きつかせ，抱き合って交わり，快い共寝をした間に，もう{庭つ鳥（にわとり）}柯稽（かけ）が鳴くのが聞こえる。雉は鳴きたてる。愛しいともまだ言わないうちに，夜が明けてしまった。わが妹よ。　（宮澤 363 頁）

「万葉集」1413（巻 7）では「にわつとり」は「かけ」の枕詞になっているが，巻 20，3094 では，「にわつとり」が「かけ」の異名になっている。「かけ」の語源は，鳴き声によるとされ，それは神楽に**「庭つ鳥は　加介呂（かけろ）と鳴きぬなり　起きよ起きよ」**とあるので，奈良時代には，ニワトリの鳴き声を「カケロ」と聞きなしていたことがわかるからである。ニワトリという名前は「庭にいる鳥」から生まれたのだろう。「起きよ，起きよ」と早朝に鳴くのも現在と同じである。

図 2-2 埴輪鶏（真岡市京泉字シトミ原鶏塚古墳出土／東京国立博物館所蔵 Image: TNM Image Archives）

図 2-3 小国鶏（尾羽を除いた全長 オス：38cm 程度，メス：33cm 程度　写真：都築政起博士のご厚意による）

さて，古代日本の古墳からはニワトリの埴輪がいくつも出てくるが（**図 2-2**），そのモデルは，小国鶏（しょうこくけい）などの日本鶏，いわゆる「地鶏」のもとになっている鳥だったろう（**図2-3**）。「常世長鳴鳥」が天然記念物「黒柏鶏（くろかしわ）」であるという説もあるが，これは島根県や山口県に限定の言説らしい。

皇嗣の秋篠宮殿下はニワトリの系譜の研究で博士号を取得されたが，ニワトリの祖先は東南アジアの赤色野鶏という 1 群の野生の鳥で，これらの亜種のうち，どれがニワトリの直接的祖先であるかを遺伝子のミトコンドリア DNA を使って解析し，ニワトリが人とどのように関わってでき上ってきたのかを追求したのがその研究だ。殿下の編著『鶏と人』(2000) によると，**図 2-4** の 4 つの「野鶏（やけい）」が「鶉（うずら）」と別れたのちに，どのように家鶏（かけい）に分かれて行ったのかを見たのが**図 2-5** である。

名古屋コーチン，レグホーン，プリマスロックなどのいわゆる家

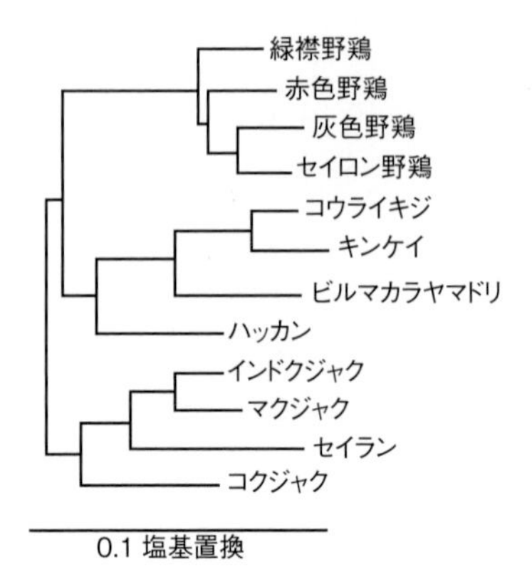

図 2-4 キジの仲間の類縁関係（秋篠宮編著 2000）

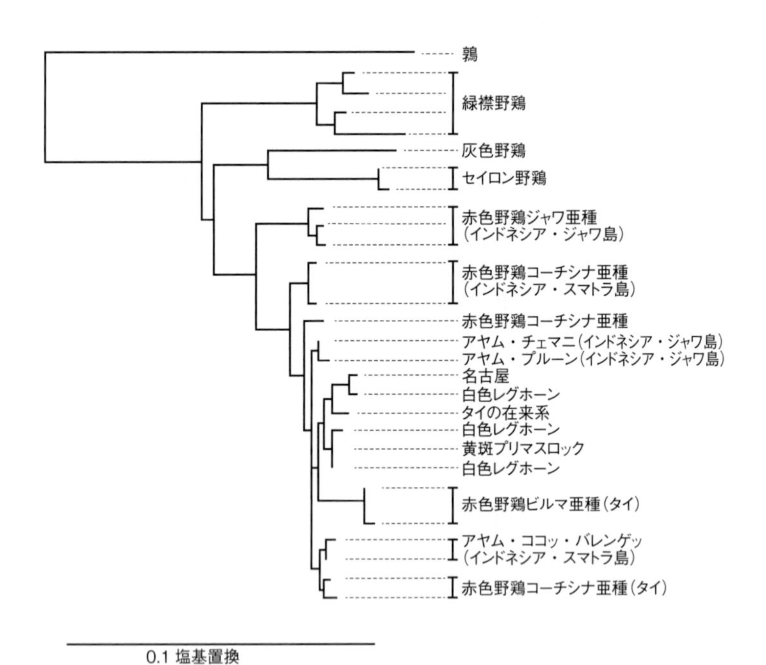

図 2-5 4 種類の野鶏と家鶏の類縁関係を示す樹状図（同上）

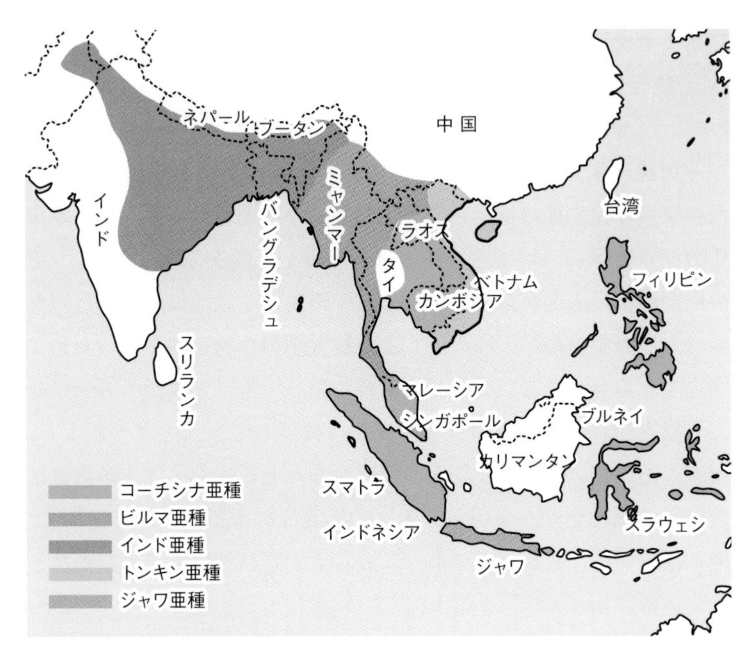

図 2-6　赤色野鶏 5 亜種の分布図（同左）

鶏に最も近いのは「赤色野鶏ビルマ亜種」と「赤色野鶏コーチシナ亜種」であろうことがわかる。つまり，われわれが普通に見るニワトリは，**図 2-6** の「ビルマ亜種」や「コーチシナ亜種」の分布域である東南アジア北部で生まれ，はるか遠くの日本に持ち込まれた外来種だろう。しかし，これを『日本書紀』当時の人々が知る由はないし，時代が下って大陸との往来が始まってからは別として，いわゆる神代にどのように鶏が日本へ持ち込まれたのか謎である。もちろんすでに大陸と日本の間は日本海で切れていたので，「地鶏」のルーツが自力で歩いて直接大陸からやってきたとはとても思えない。民俗学者，柳田國男が言うところの，台湾から先島諸島・沖縄諸島・奄美諸島・トカラ列島・大隅諸島を飛び石伝いに鹿児島に至る「海上の道」を通って，やってきたのだろうか（柳田 1978）（**図 2-6**）。

その後，家鶏同士が掛け合わされ，様々な品種が出来上ってきた。家禽の祖先種の推定という生物学的な問題だけではなく，家禽化のプロセスについてもこの本は興味深い示唆を示している。「その出会いは，人間が狩猟を目的として野鶏の生息域に入って行った場合と，野生の鶏が人間のつくった焼き畑の作物を採食するために接近した場合である。いずれの場合であっても，人間が一方的に介入したとか，野生の鶏のほうが人間に接近してきたと考えるより，両者のあいだの相互的な関わり合いがあったとみなすほうが真実に近いのではないか」という，人／動物関係の本質に関わる指摘だ。殿下はたいそうの鳥好きであり，長らく山階鳥類研究所の総裁をされている。

このほかに，第 21 代・雄略天皇紀（巻 14）には，以下のような記述があり，これが我が国の「闘鶏」の最初の記録であるという。

八月。官者吉備弓削部虚空取急歸家。吉備下道臣前津屋或本云。國造吉備臣山。留使虚空。經月不肯聽上京都。天皇遣身毛君丈夫召焉。虚空被召來言。前津屋以小女爲天皇人。以大女爲己人。競令相鬪。見幼女勝。即拔刀而殺。復以小雄鶏呼爲天皇鶏。拔毛剪翼。以大雄鶏呼爲己鶏。著鈴金距。競令鬪之。見禿鶏勝。亦拔刀而殺。天皇聞是語。遣物部兵士卅人。誅殺前津屋幷族七十人。

（訳）六（四六二）年八月に，官者吉備弓削部虚空（とねりきびのゆげべのおおぞら）は，休暇をとって家に

> 帰った。吉備下道臣前津屋（ある本によると，国造吉備臣山という）は，虚空を自分のところに留めて使った。何か月たっても，都へ上ることを許そうとしなかった。天皇は，身毛君大夫を遣わして，お召しになった。虚空は参上して，「前津屋は，小女を天皇の人とし，大女を自分の人として闘わせました。幼女が勝ったのを見て，刀を抜いて殺しました。また小さい雄鶏を天皇の御鶏とし，毛を抜き羽を切り，大きな雄鶏を自分の鶏とし，鈴と金の蹴爪を着け，闘わせました。毛を抜いた鶏が勝ったのを見て，また刀を抜いて殺しました。」と申し上げた。天皇はこれをお聞きになり，物部の兵士三十人を遣わして前津屋と一族七十人を誅殺された。　（宮澤 303 頁）

小穴彪はこの記事について「前津屋がこの方法を実際に用いたのではなく，おそらく『日本書紀』の編者が『春秋左氏伝』の文から借りてきて，前津屋の行った闘鶏を誇張して書いたものではないかと思われる」としている（小穴 1941）。彼がそう書いた根拠としては，わが国で闘鶏に使われた地鶏，小国，大唐丸，薩摩鶏のうちで，薩摩鶏を除いては，いずれも闘鶏の際に距は使われないことを挙げ，鈴や金の距を付けるのは非常に稀であるとしている（秋篠宮 1994）。ちなみに，『春秋左氏伝』は，孔子の編纂と伝えられている歴史書『春秋』の代表的な注釈書の 1 つで，紀元前 700 年頃から約 250 年間の魯国の歴史が書かれている。

同じく，雄略天皇の時代に，朝鮮半島では，高麗と新羅が敵対関係におちいることがあった。次の記事はそのきっかけとなった状況を描いている。

八年春二月。遣身狭村主靑。檜隈民使博德使於吳國。自天皇卽

位至于是歳。新羅國背誕。苞苴不入。於今八年。而大懼中國之心。脩好於高麗。由是高麗王遣精兵一百人。守新羅。有頃高麗軍士一人取假歸國。時以新羅人爲典馬。典馬。此云于麻柯毗。而顧謂之曰。汝國爲吾國所破非久矣。一本云。汝國果成吾土非久矣。其典馬聞之。陽患其腹。退而在後。遂逃入國說其所語。於是新羅王乃知高麗僞守。遣使馳告國人曰。人。殺家內所養鶏之雄者。國人知意。盡殺國內所有高麗人。惟有遺高麗一人。乘間得脱。逃入其國。皆具爲說之。高麗王卽發軍兵。屯聚筑足流城。或本云。都久斯岐城。遂歌儛興樂。於是。新羅王夜聞高麗軍四面歌儛。知賊盡入新羅地。乃使人於任那王曰。高麗王征伐我國。當此之時若綴旒。然國之危殆過於累卵。命之脩短大所不計。伏請救於日本府行軍元帥等。

（訳）八（三六四）年の二月に，身狭村主青・檜隅民使博徳を，呉国に派遣した。天皇が即位されてからこの年まで，新羅国は背き偽り，貢物を献上しなかった。しかも大いに日本の心を恐れて，高麗と友交を結んだ。これによって高麗王は，精兵百人を派遣して，新羅を守らせた。しばらくして，一人の高麗兵が休暇をとって帰国した。その時新羅人を典馬にし，ひそかに，「お前の国は，間もなく我が国のために破られるだろう。」と言った。[ある本によると，「お前の国が我が国の領土になるのは，そう先のことではないだろう」という。] 典馬はそれを聞くと偽って腹痛とみせかけ，兵士から遅れた。こうして国に逃げ帰り，この話を伝えた。新羅王は，高麗が偽って守っていることを知り，使者を急行させ国民に，「家の中で飼っている雄鶏（高麗人を指す）を殺せ。」と言った。国民はその意味するところを知り，高麗人すべてを殺した。しかし，一人だけがやっとのことで脱することができ，国に逃げ帰ってことの委細を話した。高麗王は直ちに軍勢を起こして，筑足流城（卓淳，現慶尚北道大邱）[ある本によると，城都久斯岐城という］に集結させた。そして，歌舞を行い，音楽を奏した。新羅王は，夜に高麗軍が四方に歌舞するのを聞いて，敵軍がすべて新羅の地に入ったことを知り，任那王に人を遣わして，「高麗王が，我が国を伐とうとしています。今や，新羅は吊り下げられた旗のように，高麗の思いのままに振り回されている始末です。国の危ういことは，卵を積み重ねる以上です。生命の長短は，まったくわかりません。どうか救いを日本府の将軍達にお願いいたします。」と言った。（宮澤 305 頁）

なぜ，高麗人が雄鶏とされるのかについては，初代の高麗王は卵から産まれたという神話があり，彼らが鶏を特別視していたという話がある。中国，吉林省集安県にある高句麗（高麗）の壁画古墳である「舞踊塚」には，向き合う2羽の雄鶏が描かれている。「雄鶏を殺せ」と言ったら，新羅人なら「ああ，高麗人を殺せという意味だな」とすぐにピンとくるそうだ。この解釈に対して，これは侮蔑語の一つではないかという説もある。それについては，「閑話鳥題 22」（170 頁）で再度触れるつもりだ。いずれにせよ，日本・韓国・北朝鮮・中国は，その昔からかなり複雑な関係にあったようだ。

さらに，第 39 代（累代の数え方については 177 頁参照）・天武天皇紀（下）（巻 29）に以下の記述がある。

夏四月戊戌朔辛丑。祭龍田風神。廣瀨大忌神。倭國添下郡鰐積吉事貢瑞鶏。其冠似海石榴華。是日。倭國飽波郡言。雌鶏化雄。

（訳）五（六七六）年四月四日に，竜田風神・広瀬大忌神を祭った。倭国の添下郡（奈良市西部・大和郡山市・生駒市の一部）の鰐積吉事（わにつみのよごと）が，珍しい鶏を貢上した。その鶏冠（とさか）は，椿の花のようであった。この日に，倭国の飽波郡（やまとのくにあくなみのこおり）から，「雌鶏が，雄鶏に変わりました。」との奏上があった。（女帝への前兆か）　（宮澤 639 頁）

「瑞鶏を貢れり（あやしきとりたてまつ）其の冠（さか）　海石榴（つばき）の華の如し」と花形冠のニワトリのいたことを記し瑞祥としている。**「雌鶏（めとり）　雄鶏（おとり）に化（な）れり」**とあるのを，宮澤は「次の女帝（持統天皇）への交代の隠喩か」と推測しているが，生物学的にはニワトリ雌の性転換の記載である。さらにまた，巻 27，天智天皇紀には**「鶏子（とりのこ）に四つの足ある者あり」**とニワトリに畸形があることを記し，不吉と考えたことがでてくる。いずれにしても，ニワトリは『日本書紀』に登場する鳥類の中では，2 番目に多い（第 35 章 248 頁）。

閑話鳥題 2

鳥居の起源

天岩戸神話において一計を案じる神様は，『古事記』では「思金神（おもいかねのかみ）」，『日本書紀』では「思兼神（おもいかねのかみ）」と呼ばれ，たいへん思慮深い神であると記されている。

天磐戸に籠った，日の神である天照大神を迎えるため，まず「常世の長鳴鳥」を鳴かせた。夜明けを告げるための予兆である。

木を高く掲げて，その上に鳥を止まらせる。さらに音量を拡大するために一本でなく，複数セットする。これはまさに，「鳥居」の起源を語るものではないだろうか。鳥居に似た習俗は広く西アジアから東アジアの各地に見られるそうで，その起源には諸説あるようだが（鳥越編 1983 など），日本人の祖先たちは，この太古からの習俗を天岩戸神話という愉快な物語の中に組み込んだのではないか。鳥居は鳥の居場所という意味合いがあり，鳥居の内側に天岩戸に身を隠す天照大神が鎮座していたことから鳥居の内側は神が宿る神聖な場所と考えられている。

雲南省とビルマとの国境地帯に住むアカ族の「村の門」。ロコーンと呼ばれ，木彫りの鳥が載せられている。民俗学者の鳥越憲三郎は，こうした習俗に鳥居のルーツがあるとした（Photo by Maliayosh，License：CC BY SA 2.0）。

3章

翡翠(カワセミ)（鴗鳥）——皇居の翡翠(カワセミ)

「しょうびん」は「かはせみ」の異名であり，奈良時代の古名「そび」が，鎌倉時代に「しょび」，室町時代に「しょうび」と呼ばれ，江戸時代になって「しょうびん」と呼ばれるようになったという。すでに述べたように，神代下（巻2）の天稚彦の会葬の際にカワセミが**尸者**(ものまさ)（死者の霊の代わりに立って祭を受けるもの）として登場する（9頁）。

カワセミは，その翡翠色の体色から，「飛ぶ宝石」と言われる（**図3-1**）。水辺の枝上にじっと止まり，魚を見つけると水中に飛び込んで捕らえる。ところが，雛に与える魚種が最近変化してきた地域があるという。2005～06年には，千曲川の中流域ではカワセミの雛に当時の優占種オイカワが最も多く与えられ，ウグイも次に多かった。それが，2017年にはオイカワの割合は半分以下に減少し，ウグイの利用はほとんど確認できなかった。その代わり，ドジョウなどその他の魚種が激増している（**図3-2**）。

図 3-1　飛ぶ宝石と呼ばれるカワセミ（全長 17cm）

それは，外来種のコクチバスの増加により，オイカワやウグイが減少し，カワセミはコクチバスを食物としないわけではないが，子育ての時期にはこれを捕らえるには，コクチバスは大きすぎて利用できないからではないかという（笠原 2021）。もしそうだとすれば，体長の大きい外来種のコクチバスが河川で増加し，オイカワやウグイを減少させることは，カワセミが利用できる食物の減少につながり，将来的にはカワセミの減少にもつながるかもしれない。

カワセミの特徴は，何といってもトンネルのような巣だ（**図 3-3**）。川や池に面した柔らかい土の崖面に，雄も雌も最初は体当た

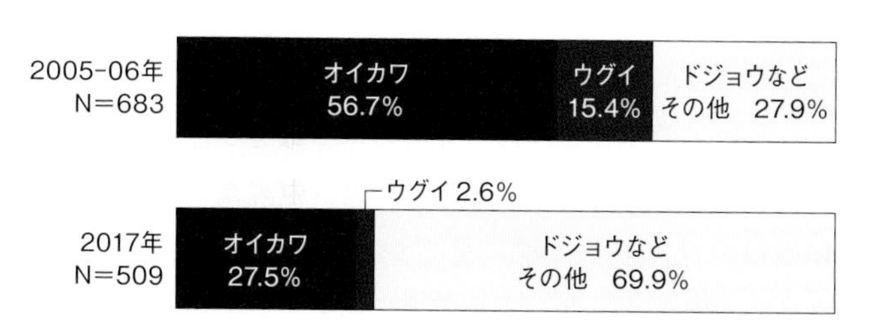

図 3-2　千曲川中流域でカワセミが雛に運んだ魚種の変化（笠原 2021）

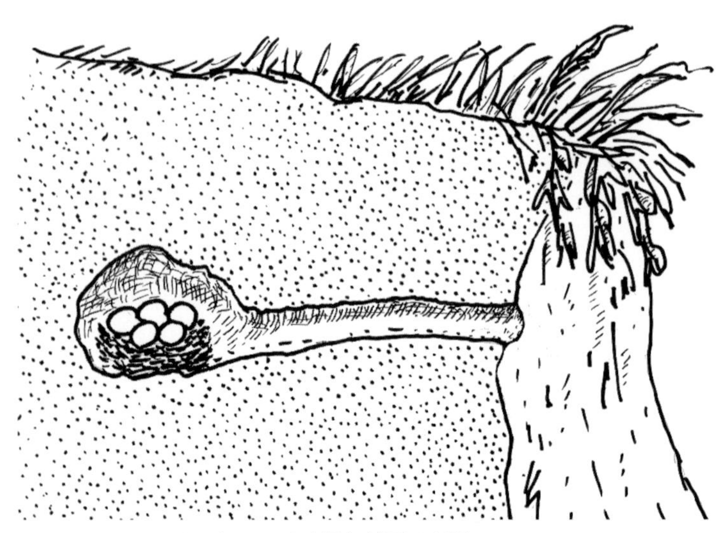

図 3-3　カワセミのトンネルのような巣穴（作図は山岸）

りして，鋭い嘴を土に差し込み穴を掘っていく。

土がたまると，後向きに両足でそれを巣口の方へ押し出してきて，土と一緒に自分も巣の外へ落ちて，土くれを出す。巣の出入り口近くは外に向かってやや下がり勾配となる。これは雨水が中に流入しない賢い配慮だという。1m くらい掘ると，その先にドーム状の巣室をつくり，そこへ食べた後の不消化物として吐き出した魚の骨などを敷いて産座とし，白い光沢のある卵を 5 卵ほど産む。

野鳥の卵は，多くは色がついていたり，斑点がついているが，それは保護色の役目をして敵に見つからないようにする役目が大きい。カワセミのようにトンネルの奥に卵を産むものでは，敵に見つかる心配がないので，暗闇でも目立つ白色の方が，踏みつけたり，蹴り出すことがないのだろう。同じく崖面のトンネルの中に卵を産むヤマセミや樹洞に巣を作るアカショウビン・キツツキ類・フクロウ類・ミミズク類の卵が白いのも，そのためと考えられている。

また，卵の形状もこれらの種類では，いわゆる卵型ではなくピンポン玉のように丸い。これは親が誤って産座から蹴り出しても，こうした場所では地上に落下する心配がないからだと考えられている。ウミガラスなどの洋ナシ型の卵は，鋭い鋭端部を中心にグルグルと回り狭い崖の棚から落下することがないという。

図 3-4　新潟県南魚沼市六日町で探鳥される清子内親王殿下（当時。現在は黒田清子さん，1994 年 6 月　写真：朝日新聞フォトアーカイブ）。

黒田清子さんは，山階鳥類研究所の研究員をしていた時に，カワセミの繁殖・生態を研究した。皇族と日本の鳥類学の関係は後に「桃鳥・桃花鳥」（10 章）や「鴨」（15 章）のところで紹介するが，山階鳥類研究所は，旧皇族で鳥類学者の山階芳麿博士が私費を投じて設立した山階家鳥類標本館を前身とし 1942 年に財団法人としての研究所になったことから，今も皇族との関わりが強く，彼女もご結婚前つまり紀宮清子内親王の時代に研究員として研究生活を送られた（**図 3-4**）。33 歳のお誕生日に，ご自身の言葉の中で次のように述べている。「研究に関しては，カワセミの繁殖生態ということで，まず第1にカワセミの繁殖が成功しない限りは基本的なデータが取れませんので，毎シーズン，すべてのカワセミの繁殖が終った時には大きな安堵を覚えます。生き物を扱っている難しさで，繁殖の失敗などが重なり調査が思うに任せぬところもありますが，結果をまとめて報告することが大切ですので，形にできればと思っています。」その結果は2002年の『山階鳥類研究所研究報告』34巻1号に掲載された（紀宮ほか 2002）。その内容を同誌抄録から引用すると以下のようだ。

1990～2001年にかけて，東京都千代田区皇居及び港区赤坂御用地でカワセミの延べ44回の繁殖例（繁殖試行を含む）を観察した。1繁殖期間中の繁殖回数は1～3回（平均1.82回）で，2回以上の場合，ほとんどのつがいが同一巣穴を使用した。1992年から実施した繁殖個体，巣立ち雛への標識調査より，繁殖期間中，皇居では2つがい，赤坂御用地では1つがいが生息し，同つがいで2年以上，個々の繁殖個体については3～4年繁殖活動を行ったと推定される事例があった。皇居内では，直線距離100～180mの異なる2営巣地間で4回の同時期繁殖が行われたが，この最短距離値がヨーロッパや国内の値と比しても非常に短距離であり，また，皇居・赤坂御用地両地区とも，繁殖時の営巣地で時々余剰個体と思われる個体が観察されたことより，更なる営巣地の増設による調査地内の繁殖個体数が増加する可能性は高いと思われる。

繁殖期間中に雄個体が，皇居から赤坂御用地へ移動し，両地区で繁殖を行った例が1例。両地区での平均産卵数は6.44卵，平均巣立ち雛数は6.23羽で，ヨーロッパや国内の平均値とほぼ同値であり，また産卵数，巣立ち雛数に大差がないことより巣内における卵や雛の損失は少ないと推定される。両地区で著者らが標識したと判断された個体が，調査地外で繁殖活動を行っていたことが確認された例は2例あり，1例は1996～97年皇居で繁殖した雄が，約24km離れた清瀬市金山緑地公園で3回繁殖し，もう1例は，皇居または赤坂御用地で繁殖もしくは巣立ったと思われる個体が西に約2kmの明治神宮内苑で求愛給餌を行っていたことが観察されている。

この研究の過程で，カワセミの雛がヘビに取られないように，害虫駆除用の粘着板を巣の周りに取り付けて，ヘビの侵入を防がれたということだが，彼女はヘビは平気で，ヘビが出てくると，ひょいと素手で捕まえられるそうだ。また，山階鳥研時代のもうひとつの研究テーマは鳥類画家「ジョン・グールド」の研究であり，その成果は大著『ジョン・グールド鳥類図譜総覧』(2005) となって，玉川大学出版部より刊行されている。

閑話鳥題 3

カワセミの求愛給餌

鳥類の中には，つがい形成の前に，雄が雌に餌を持ってきて与えることがある。これは「求愛給餌」とよばれる。婚約指輪のようなものだが，これから産卵を行う雌にとっての実質的な栄養源になるとともに，雄の採ってくる餌の量や質を判断基準として，雌はつがいになるかどうかを決めているというから，指輪の大きさやダイヤの質を測られているようなものである。この行動を通じて，「つがいの絆」を高めているのだという説もあるが，絆の強さを測る指標がないので，実証されているわけではない。また，つがい形成後もこの給餌は続くことがあるので，抱卵のために採餌が十分できない雌に対する雄からの栄養補給の役目かもしれない。面白いのは，雄は魚を咥えると，決まってその頭を先にして雌に渡す。もし逆に魚を咥えてきた場合は，ご丁寧にも，魚の向きを変えるように咥えなおして，雌に差し出すことである。これは雌が食べる際に鱗が喉に引っ掛からないようにするためだという。できた話ではある。

カワセミの求愛給餌
（和紙貼り絵：田辺忍）

4章

鷦鷯（ミソサザイ）——天皇の名前になった鳥

神代上（巻1）の話である。出雲の国の大国主神は多くの別名を持っているが，その一つを大己貴命（おおあなむちのみこと）という。その大己貴命は，少彦名命（すくなひこなのみこと）と力を合わせ心を一つにして，天下を経営した。二柱の出会いの場面に，鷦鷯（みそさざい）が登場して，次のように記されている。

初大己貴神之平國也。行到出雲國五十狭狭小汀而且當飲食。是時海上忽有人聲乃驚而求之。都無所見。頃時有一箇小男。以白蘞皮爲舟。以鷦鷯羽爲衣。隨潮水以浮到。大己貴神卽取置掌中而翫之。則跳囓其頰。乃怪其物色。遣使白於天神。于時高皇産靈尊聞之而曰。吾所産兒凡有一千五百座。其中一兒最惡。不順教養。自指間漏墮者。必彼矣。宜愛而養之。此卽少彦名命是也。

図 4-1　ミソサザイ（全長 10-11cm）

（訳）初め，大己貴神（おおあなむちのかみ）が国を平定された時，出雲の国の五十狭狭（いささ）の小汀（おはま）（島根県出雲市大社町稲佐の浜）に着いて，食事をしようとされた。この時，海上から突然人の声がした。驚いて探してみたが，何も見えない。しばらくして，一人の小さな男が，やまかがみの皮で舟を造り，鷦鷯（みそさざい）の羽を衣服にして，潮流に乗り浮かび着いた。大己貴神は，その姿かたちを怪しんで，使いを遣わして天神に尋ねられた。その時，高皇産霊尊（たかみむすひのみこと）はお聞きになって，「私の生んだ子は，すべて千五百柱である。その中の一柱はたいそう悪く，教えにも従わない。指の間からもれ落ちてしまったが，きっとその子だろう。慈しみをもって養育してほしいと仰せられた。これがすなわち，少彦名命（すくなひこなのみこと）である。

（宮澤 48 頁）

ミソサザイは奈良時代から「さざき」「さざき」の名で知られている。「ささき」の名は「ささ」が小さい，「き」は鳥を示す接尾語で「小さい鳥の意であるとされる（『東雅』）」。この鳥は全長約 10cm，体重約 9g で，日本で最も小さい鳥の一つである。指のあいだからもれ落ちてしまうほど小さいのである。全身赤褐色で，背から尾に

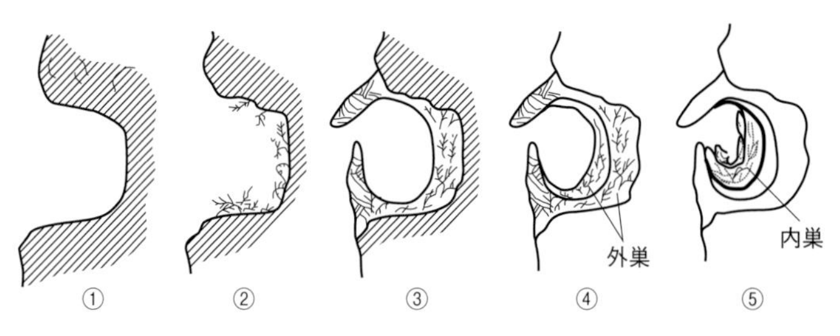

図 4-2　ミソサザイの営巣過程（羽田・小堺 1971）。崖の洞などに苔を詰め込み壺のような形にしていく。

かけて細かい黒褐色の横斑がある（**図 4-1**）。亜高山帯の沢沿いの薄暗い林に住む。体に似合わぬ大声で，長い複雑なさえずりをする。冬季には人里に下ってくる。

「みそさざい」は「溝（みぞ）（水辺）にいる小鳥」から出たと考えられるが,「みそさざい」が定着してから「みそ」は味噌と解されるようになった。「みそぬすみ」は，ミソサザイが冬季に人家近くに現れ，台所へ入って味噌を盗むからとも言われる。

江戸時代になると，ミソサザイは「たくみどり」と呼ばれるようになった。これは，巣を巧みに作るのでつけられた名前らしいが，実際には，それほど巧みな巣をつくるわけでもない。巣は，木の根によってできた洞（ほら）の奥深くや，岩や崖の上縁部に雄によって通常2～3つの外巣が作られる（**図 4-2**）。多い場合は5巣も作った雄がいる（**図 4-3 の雄 A，B，G**）。この巣の上で，雄はあのきれいな長いさえずりをして雌を呼ぶ。雌がこのさえずりに引き付けられてやってきて，この巣を気に入ると内巣を作ってつがいが形成されるが，多い雄は4雌を獲得して一夫多妻ができる（**図 4-3 の雄 B**）。巣を多く作った方が雌をたくさん獲得できるとは限らない。**図 4-3** で5巣

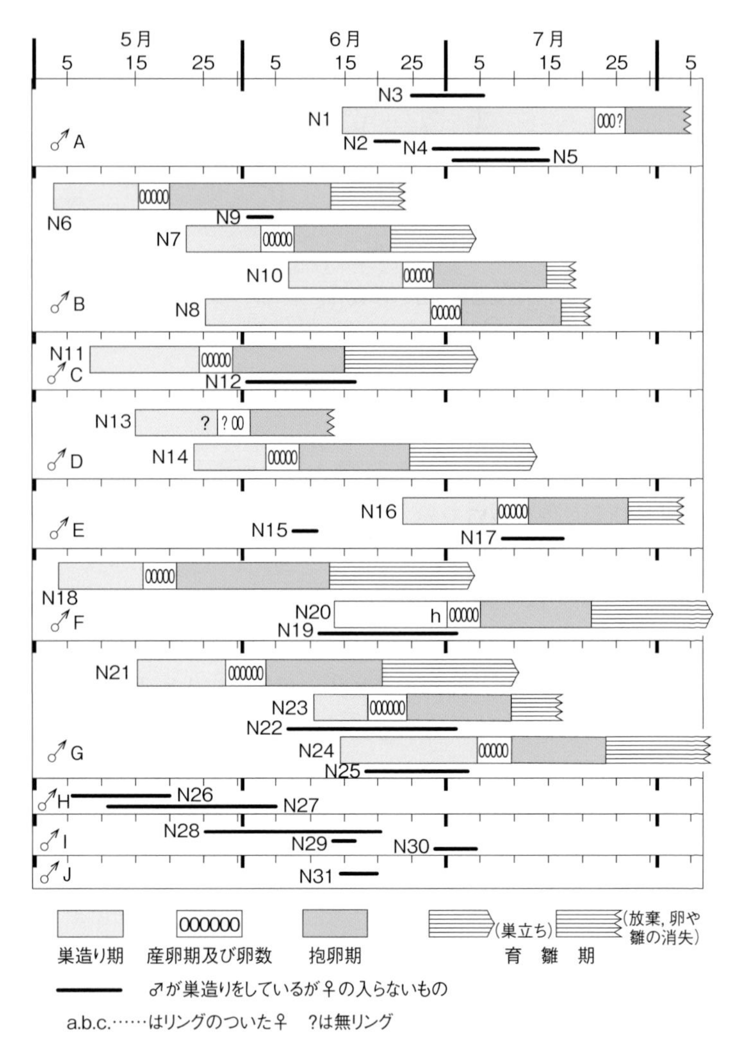

図 4-3　ミソサザイ雄の繁殖経過（羽田・小堺 1971）。

作ったA雄は雌を1羽しか獲得できなかった。その一方で，いくらさえずっても雌が来ないかわいそうな独身雄もいる（図4-3の雄H, I, J）。ミソサザイのあの朗々としたさえずりは，雌を呼ぶための必死な歌だったのである。

『日本書紀』には，他にも「みそさざい」が登場する。神代下（巻2）の天稚彦の葬儀に，「みそさざい」は**哭女**（なきめ）（葬儀にあたって泣く役）として現れる（9頁）。さらに，第16代・仁徳天皇紀（巻11）で，天皇が生まれた時に「つく（木菟）」が産屋に入り，同時に武内宿禰の子が生まれた時に「さざき」（鷦鷯）が産屋に入ったこと，太子の名を大鷦鷯（おおさざき）皇子と号づけたことがでている（126頁）。

また，仁徳天皇40年に，異母弟，隼別（はやぶさわけ）皇子の舎人共の歌「**隼（はやぶさ）は天（あめ）に上り　飛び翔（かけ）り　いつきが上の　鷦鷯（さざき）取らさね**」がでてくる（131頁）。『古事記』の仁徳天皇紀にも似た歌があり，「さざき（鷦鷯）」がでている。ただし，すでに述べたように『古事記』では「大雀命（おおさざき）」になっていて，ミソサザイとスズメは，両方とも「さざき」と呼ばれていたという。

閑話鳥題 4

鷦鷯天皇

本文でも見るように，ミソサザイは全長10cmほどの，わが国では最も小さい鳥の一つである。体色も地味で，目立たない。少彦名命（すくなひこなのみこと）が鷦鷯の羽を衣にして着ていたのはわからないでもない。

彼が指の間からもれ落ちるほどの小さな男だったから，その小ささを強調したのであろう。ところが，体が小さくないのに鷦鷯を名前に冠した天皇が二人もいる。一人は第16代・仁徳天皇で，別名「大鷦鷯天皇（おおさざきのすめらみこと）」といい，もう一人は第25代・武烈天皇で「小泊瀬稚鷦鷯天皇（おはつせわかさざきのすめらみこと）」と呼ばれた。

仁徳天皇に鷦鷯天皇の名がついたのは，後に16章で見るように，瑞祥としてミソサザイが産屋に飛び込んだからだが（実際に飛び込んだのはミミズクだが，なぜミソサザイになったのかも126頁に詳述した），武烈天皇の方は，どうしてミソサザイなのか不明である。ミソサザイのようなちっぽけな鳥の特徴といえば，体に似合わぬ複雑で長いさえずりをし，これが彼らの配偶様式の一夫多妻制と関連していることは，本文で述べた通りだ。

配偶様式といえば，大鷦鷯天皇（おおさざきのすめらみこと）は，異母妹である「雌鳥皇女（めとりのひめみこ）」を2番目（？）の妃にしようと思い，これまた異母弟の「隼別皇子（はやぶさわけのみこ）」にその仲立ちを依頼する。ところが，こともあろうに依頼された隼別皇子は，雌鳥皇女と抜け駆け結婚をしてしまうのである（129頁）。今なら，さしずめ『週刊文春』や『週刊新潮』が大喜びしそうな話だが，この話で興味深いのは，登場人物3人にすべて鳥に関する名がついていることだ。

余談になるが，鳥名を冠した皇子は3人いる。「白鳥皇子」（日本武尊（やまとたけるのみこと））と「臘嘴鳥皇子（あとりのみこ）」（推古天皇の兄）。そしてくだんの「隼別皇子」である。

5章

鵜(う)——『日本書紀』に鵜飼の起源

神代下（巻2）の海彦・山彦の説話には，「う」の羽で産屋の屋根を葺いたという次の記述がみられる。海神の娘・豊玉姫は山彦（天孫・彦火火出見尊(ひこほほでみのみこと)）の妻で，その，出産シーンである。生まれた子供は天皇の第4子で，屋根が葺き上がらない前に生まれたので「彦波瀲武鸕鷀草葺不合尊(ひこなぎさたけうがやふきあえずのみこと)」と名付けられた。落語の「寿限無」にある「長久命の長助さん」のような長い名前である。

先是豐玉姫謂天孫曰。妾已有娠也。天孫之胤豈可産於海中乎。故當産時必・就君處。如爲我造・屋於海邊。以相待者。是所望也。故彦火火出見尊已還鄕。卽以鸕鷀之羽葺爲産屋。屋甍未及合。豐玉姫自駁大龜。將女弟玉依姫光海來到。時孕月已滿。産期方急。由此不待葺合徑入居焉。已而從容謂天孫曰。妾方産。請勿臨之。天孫心恠其言竊覘之。則化爲八尋大鰐。而知天孫視

其私屏。深懷慙恨。既兒生之後。天孫就而問曰。兒名何稱者當可乎。對曰。宜號彥波瀲武鸕鷀草葺不合尊。言訖乃涉海徑去。

（訳）これより先，豊玉姫（とよたまひめ）は天孫に，「私は，すでに身ごもっています。天孫の御子を，どうして海中でお産み申し上げてよいでしょうか。出産の時には，必ずあなたのみ許（もと）に参ります。どうか産室を海辺に造ってお待ちいただければ，というのが私の望みです。」と申し上げた。そこで彦火火出見尊（ひこほほでみのみこと）は，故郷へ帰って，すぐに鵜（う）の羽で屋根を葺（ふ）いて産室を造り子を産むときが切迫していた。それで屋根がすっかり葺き上がるのを待たないで，急いで中に入られた。そしてやおら天孫に，「私が御子を産む時，どうかその姿をご覧にならないで下さい。」と申し上げた。天孫は，不思議に思い，ひそかにのぞいて見られた。すると，豊玉姫は八尋大鰐（やひろわに）に化身していた。そして，天孫がのぞき見されたことを知って，深く恥じお恨みを申し上げる気持ちを抱いた。やがて御子が生まれた後，天孫が豊玉姫のもとに行かれ，「御子の名は，何と名付けたらよいであろうか。」とお尋ねになった。豊玉姫は，「彦波瀲武鸕鷀草葺不合尊（ひこなぎさたけうがやふきあえずのみこと）と名付けなさいませ。」と申し上げた。言い終わるやいなや，海を渡ってさっといなくなってしまった。（宮澤 82 頁）

このように，『日本書紀』では，「**鸕鷀**（ろじ）」が「う」である。「う」の語源についてははっきりしたことはわかっていない。新井白石は，「浮（う）」の義かと述べている（『東雅』）。しかし，「産（う）」むに基づくとした服部宣（『名言通』）や賀茂百樹（『日本語源』）の説の方が，上の説話には合致するように思える。

また，第 1 代・神武天皇（巻 3）は，将兵の心を慰めるために歌を詠まれた。

哆哆奈梅弖。伊那瑳能椰摩能。虚能莽由毛。易喩耆摩毛羅毗。多多介陪麼。和例破椰隈怒。之摩途等利。宇介譬餓等茂。伊莽輸開珥虚禰。

（読み）楯並めて　伊那瑳の山の　木の間ゆも　い行き守らい　戦えば　我はや飢ぬ　島つ鳥　鵜飼が伴　今助けに来ね　（宮澤 103 頁）

（訳）楯を並べて伊那瑳山の木の間を通り，相手を見張りながら戦ったので，我らは飢えてしまった。{島つ鳥} 鵜飼の部の民よ，たった今，食糧を持って助けに来てくれ。（宮澤 104 頁）

「万葉集」(4011) の「う」を詠んだ歌で，「島つ鳥　鵜養が伴は」では，「島つ鳥」が「鵜」の枕詞であるが，平安時代になると，「しまつとり」は「う」の異名になったという。また，鵜を専門に飼う鵜飼部がすでにあったようだ。神武天皇の吉野征伐の条にも鵜養部のことが見える。

及縁水西行。亦有作梁取魚者。梁。此云揶奈。天皇問之。對曰。臣是苞苴擔之子。苞苴擔。此云珥倍毛菟。此則阿太養鸕部始祖也。

（訳）さらに吉野川の流れに沿って西方へ行かれると，梁を作って魚を捕っている者がいた。天皇が尋ねられると，「私は，苞苴擔の子でございます。」と申し上げた。これは阿太（奈良県五條市東部）の養鵜部の始祖である。」（宮澤 97 頁）

我が国でよく見られるウ類は主に「カワウ」(**図 5-1**) と「ウミウ」(**図 5-2**) である。文字通り，カワウは河川・湖沼に住み，ウミウは

図 5-1　カワウ（全長 80-101cm）

図 5-2　ウミウ（全長 84-92cm）

海岸に住む。

第 21 代・雄略天皇紀（巻 14）に，近江国で白い鵜が捕れたという記述があるから，当時から琵琶湖には鵜が多かったと思われる。

> **十一年夏五月辛亥朔。近江國栗太郡言。白鸕鷀居于谷上濱。因詔置川瀬舎人。**

（訳）十一（四六七）年五月一日に，近江国栗田郡（大津市の一部・草津市・栗太市）が，「白い鵜が，谷上浜にいます。」と申し上げた。それで詔して，川瀬舎人を置かせた。（宮澤 311 頁）

琵琶湖で 5 月下旬に有害鳥獣駆除のため捕殺されたカワウ 51 個体の胃内容を剖検したことがある（幸田ほか 1994）。その結果の一部を

表 5-1　琵琶湖のカワウ 51 個体から得られた魚種と個体数，全長，重量（幸田ほか 1994 改変）

餌魚種	個体数	全長（cm）		全重量（g）	1 個体当たりの体重（g）	
		平均±SD	範囲		平均±SD	範囲
アユ	175	7.3±1.2	3.7–12.0	454.7	2.6± 1.8	0.6–10.0
カマツカ	14	12.9±3.4	7.0–19.4	243.1	17.4±12.7	4.1–50.2
イサザ	6	5.7±1.4	3.5– 7.3	9.8	1.6± 0.6	1.2– 2.8
ハス	4	14.0±4.8	8.5–19.1	126.9	31.7±27.3	3.1–59.0
オイカワ	3	11.1±2.2	8.0–13.0	28.0	9.3± 4.9	3.2–15.0
ブルーギル	3	12.7±1.1	11.2–13.7	124.6	41.5±11.0	28.1–55.1
ギンブナ	2	15.8	15.0–16.5	109.3	54.7	45.0–64.3
ゲンゴロウブナ	1	10.2		?	?	
ヨシノボリ	1	4.9		?	?	
不明	359	6.9±0.9	5.0– 9.0	810.9	2.3±1.1	0.8– 5.0
計	568			1907.3		

表 5-1 に示した。外見の形態から判定できたものだけでも，アユが 84% を占めていたが，消化が進んで外見では判定できない不明魚 359 個体のほとんどは，脊椎骨の形状からアユであろうと推定された。この解剖の際に，カワウの胃から多量の線虫が検出された。これを都立衛生研究所で同定してもらったところ，海産魚だけに寄生する *Contracaecum spiculigerum* という線虫であることが判明した（**図 5-3**）。このことから，琵琶湖のカワウの中には海に出かけて採食している個体がいることが実証されたのだ。

昔から，「う」「しまつとり」は，ウミウ，カワウの総称であったが，江戸中期から区別するようになり，ウミウを「しまつ」，カワウを「かはつ」と呼ぶようになり，後期に「うみう」「かはう」になったという。鵜飼いに使われるウはウミウであるが，これはウミウの方が少し大きいから，よりたくさん魚を捕れるためだと考えられてきたが，各地の鵜匠からの聞き取りによると，そうした傾向は

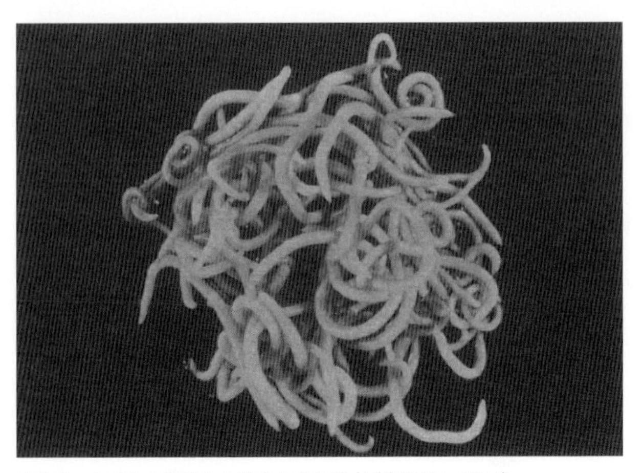

図 5-3　カワウ 1 個体から検出された線虫（幸田ほか 1994）。

ないそうだ（奥野　私信）。

全国のほとんどの場所で行われている鵜飼は，茨城県日立市（旧十王町）の伊師浜海岸で捕獲されたウミウを使用している。ウミウの捕獲は，春と秋の年2回，鳥屋（とや）と呼ばれる海岸壁に設置された小屋で行われる。鳥屋の周りに放した囮のウミウにつられて近寄ってきたところを，鳥屋の中から「かぎ棒」と呼ばれる篠竹の先にかぎ針を付けた道具を突き出し，ウミウの足首を引っかけて鳥屋に引きずり込み捕らえる。捕らえられたウミウは各地に送られ，訓練を受けたのちに鵜飼に使われる。鵜飼は全国で行われているが，やはり一番有名なのは岐阜県の「長良川」で行われるものだろう（**図 5-4**）。

図 5-4　河渡 長柄川鵜飼（渓斎英泉　木曽街道六十九次）

閑話鳥題 5

外国にもあった鵜飼

全国的に見ると，鵜飼は長良川の専売特許ではなく，北は富山県の田島川から，南は大分県の三隅川まで，10河川以上で行われている。それどころか，南米や中国やヨーロッパにまで鵜飼の記録はある。日本で鵜飼の記述が初めて現れるのは，本文で見たように神武天皇の時代である。実在したならばその在位は，3世紀と推定されるので（57頁），世界でこれが一番古い記録だろう。

次が，南米であり，5世紀ごろ行われたと推測される鵜飼の様子を描いた土器がペルーのチャンカイ谷から出土し，リマ市の天野博物館に収蔵されているという。当時の人間の交流状況から考えて，とても日本から伝わったとは思えず，たぶん独立に発生したものだろう。

中国だが，確実な記録としては10世紀の『清異録』(965年)に，「魚を捕らえるのに非常に機敏な鵜を使う」と記述されている。しかし，日本の鵜飼と異なる点が多いので，日本の鵜飼が伝わったのではなく，これも独自に発達したものと考えられてきたが，中国からの伝来の可能性を示唆する文化人類学者もいる（奥野 2019，卯田 2021)。

最後は，ヨーロッパの記録だが，16～17世紀にかけて，鵜飼がスポーツとして行われたという。これも方法が鷹狩に近いので，日本や中国から伝わったものではない猟法であろうとされている。要は世界のあちこちで，鵜を使う猟法が多発的に生起したものらしいが，まだ結論は出ていない。いずれにしても，鵜飼が記録されたのは，年代的に日本が最初であることには間違いがないようだ。

ペルーのチャンカイ谷から出土した土器に描かれた鵜飼（天野プレコロンビアン織物博物館蔵　写真：Gabriel Herrera Sánchez)

6章

千鳥(ちどり)——疑いをかけられた木花(このはな)の開耶姫(さくやひめ)

神代下（巻2）で，天照大神の孫に当たる瓊瓊杵尊(ににぎのみこと)は，ついに天から降臨して，九州南部に到着した。そこには，素晴らしい美女である豊吾田津姫(とよあたつひめ)（木花の開耶姫）がいた。瓊瓊杵尊は，さっそく豊吾田津姫を召し上げた。すると，姫は一夜にして身ごもった。これに対して，尊は疑いを持った。しかし，豊吾田津姫が生んだ子は，まぎれもなく尊の子だということがわかった。現代ならDNAの親子判定で潔白はすぐに証明されるだろうに（156頁），豊吾田津姫は瓊瓊杵尊を恨んで話を交わそうともしなかった。尊は深く憂い，次の歌を詠んだ。

憶企都茂播。陛爾播譽戻耐母。佐禰耐據茂。阿黨播怒介茂譽。播磨都智耐理譽。

表 6-1 砂礫の大きさによるチドリ類 3 種の営巣場所の違い（山岸ほか 2009）
チドリ類の営巣数。砂礫の粒径区分は以下のとおり，クラス 1：5mm 以下，クラス 2：5-25mm，クラス 3：25mm 以上。カッコ内は全体に対する割合を % で示している。

種名	砂礫の粒径区分						合計
	1	1+2	2	1+3	2+3	3	
コチドリ	1(1.2)	11(13.1)	24(28.6)	3(3.6)	41(48.8)	4(4.8)	84(100)
イカルチドリ	0(0.0)	2(7.7)	5(19.2)	3(11.5)	9(34.6)	7(26.9)	26(100)
シロチドリ	5(11.6)	32(74.4)	5(11.6)	1(2.3)	0(0.0)	0(0.0)	43(100)
合計	6(3.9)	45(29.4)	34(22.2)	7(4.6)	50(32.7)	11(7.2)	153(100)

（読み）沖（おき）つ藻（も）は　辺には寄れども　さ寝床（ねどこ）も　あたわぬかもよ　浜つ千鳥よ　（宮澤 70 頁）

（訳）沖の藻は浜辺に寄るけれども，我が思う妻は，（私に寄らず）私に寝床さえも与えないことだ。浜千鳥よ。（いっしょにいるお前たちが何とうらやましいことか）　（宮澤 70 頁）

自分が蒔いた種とはいうものの，哀れな歌だ。わが国で最も普通に見られるチドリには 3 種ある。近畿地方の木津川の中流部で，これら 3 種 153 つがいのチドリの営巣場所と砂礫粒の大きさの関係を見たのが**表 6-1** である（山岸ほか 2009）。砂地にはシロチドリ（**図 6-3**）が営巣している。一方，コチドリ（**図 6-1**）やイカルチドリ（**図 6-2**）は礫地に巣を作ることが多い。

この同所的観察から得られたことは，河川の上流から下流まで見た場合には，シロチドリが砂地が多い海岸部に，コチドリやイカルチドリが中流から上流部に多く生息していることを示唆する。

奈良時代から，チドリ類は「ちどり」として，特に川辺に住むものは「かはちどり」として知られていた。平安時代になって，浜辺

図 6-1　コチドリ（全長 14-17cm）　　巣と卵（内田 2019）

図 6-2　イカルチドリ（全長 19-21cm）　　巣と卵（内田 2019）

図 6-3　シロチドリ（全長 15-17.5cm）　　巣と卵（内田 2019）

に住むものを「はまちどり」と呼ぶようになった。上記の，営巣場所の生態的分離から考えて，「はまちどり」はシロチドリのことだろうと推測される。

さほど大きくなく食用には不向きとも思えるのだが，千鳥は大変美味なのだそうだ。東光治によれば，「千鳥料理とて食通に喜ばれる。猟鳥としても興味深く，銃の他に網ででも多数捕獲される。宮内省の千葉県新浜御猟場（118 頁）では千鳥笛で付近を飛ぶ群れを呼び寄せて千鳥猟が行われる。」（東 1943），とのことである。

閑話鳥題 6

千鳥足

下の写真は，イカルチドリが歩いているところである。チドリ類は，このように次の足を踏み出す時に，内股で前の足に交差するよ

イカルチドリの千鳥足（写真：京都・洛西の野鳥 Diastataxy）

うに足を運ぶ。この姿が酔っ払いがフラフラ歩く姿に似ているところから,「千鳥足」の呼び名が出たという。

このことは,『太平記』(12) に,「ちどりあしをふませて,こうぢをせばしと,あゆませらる云々」と書いてある。また,時代が下がって,『倭訓栞』(文化２年) には「俗にちどり脚というは,ちどりの足は三岐にてあとの爪なく,左右相違へて走り,歩のみだるるものなれば,人にも比していへり,ちどりがけもこの意なるべし」と書いている。

茶事の懐石で行われる盃のジグザグのやり取りを「千鳥の盃」,裁縫でのジグザグの縫い方を「ちどりがけ」というが,昔の人は,動物のしぐさを驚くほど詳細に観察していたことがわかる。

7章

八咫烏——八咫烏は群れだった?

第1代・神武天皇紀(巻3)の戊午年6月23日に，このような記述がある。

時夜夢。天照大神訓于天皇曰。朕今遣頭八咫烏。宜以爲鄉導者。果有頭八咫烏。自空翔降。天皇曰。此烏之來自叶祥夢。大哉赫矣。我皇祖天照大神。欲以助成基業乎。

(訳) その夜，天皇は夢を見られたが，その中で天照大神が，「私は今，頭八咫烏を遣わそう。それを道案内としなさい。」と仰せられた。はたして夢の通り，頭八咫烏が大空から翔び降ってきた。天皇は，「この烏が来たことは，祥い夢である。皇祖の威徳は何と偉大であり，輝かしく盛んなことか。わが皇祖天照大神は，大業を助け成そうと願っておられるのだ。」と仰せられた。 (宮澤94頁)

図 7-1　神武天皇の東征（安達吟光）

これは有名な神武天皇の東征の話である。熊野の山中で道に迷った神武天皇の一行を助け，頭八咫烏の案内で長髄彦(ながすねびこ)隊を打ち負かし，吉野を経て橿原に行き大和朝廷を開いたことになっている（**図 7-1**）。

それに続く，11 月 7 日に，頭八咫烏(やたがらす)は再度出てくる。

十有一月癸亥朔己巳。皇師大擧。將攻磯城彦。先遣使者徵兄磯城。兄磯城不承命。更遣頭八咫烏召之。時烏到其營而鳴之曰。天神子召汝。怡奘過。怡奘過。過。音倭。兄磯城忿之曰。聞天壓神至。而吾爲慨憤時。奈何烏鳥若此惡鳴耶。壓。此云飫蕩。乃彎弓射之。烏卽避去。

（訳）十一月七日に，皇軍は大挙して磯城津彦(しきつひこ)を攻撃しようとして，まず使者を遣わし，兄磯城(えしき)を召された。ところが，兄磯城は命令に従わなかった。そこでさらに，頭八咫烏を遣わして召された。頭八咫烏は兄磯城の陣営に着き，「天神(あまつかみ)の御子が，お前をお召しになっている。さあ，さあ。」と鳴いた。兄磯城これを聞いて怒り，「天上の威圧する神がやって来られたと聞いて，私が憤慨している時に，どうして烏がこのようにいやな声で鳴くのか」と言い，弓を引きしぼって矢を射た。烏はすぐさま逃げ去った。（宮澤 102 頁）

この後，烏が弟磯城(おとしき)のところへ行く下りであるが，ここでも頭八咫烏が活躍している。ところで，ここに書かれた頭八咫烏(やたがらす)はカラス類の中で，どの種に該当するのであろうか。「咫(あた)」は長さの単位で，親指と中指を広げた長さ（約 18cm）のことだから，「八咫」はその 8 倍で 144cm にもなる。北海道に冬に渡ってくる最も大きなワタリガラス（**図 7-5**）でも，全長は 60cm だから，とても該当する大きさではないが，翼を広げれば優に 1m は超えただろうから，大きさだけで候補種から外すというのは妥当ではなさそうだ。そのうえ，アイヌやカナダ先住民に，ワタリガラスが人間の移動の先導をしたという伝説があるそうで，ますますワタリガラスは有力候補にはなってくる。しかし，問題は分布域であり，彼らと熊野で出会うのは至難であっただろうし，そのころ『日本書紀』に描かれた人々がアイヌと交流があったとはとても考えられない。

主に平地に住むハシボソガラス（**図 7-2**），ハシブトガラス（**図 7-3**），ミヤマガラス（**図 7-4**）は似た大きさで，ホシガラス（**図 7-6**）は，ワタリガラスよりはるかに小さく，亜高山帯から高山帯に住むから出会うチャンスは少なかっただろう。

また，ミヤマガラスも冬季に平野部へ渡ってくる冬鳥だから，まず 7 月には出会うことはないだろう。

ヤタガラスは熊野大社に仕える存在として信仰されており，足が

図 7-2　ハシボソガラス（全長 50cm）

図 7-3　ハシブトガラス（全長 56.5cm）

図 7-4　ミヤマガラス（全長 47cm）

図 7-5　ワタリガラス（全長 61cm）

図 7-6　ホシガラス（全長 34-35cm）

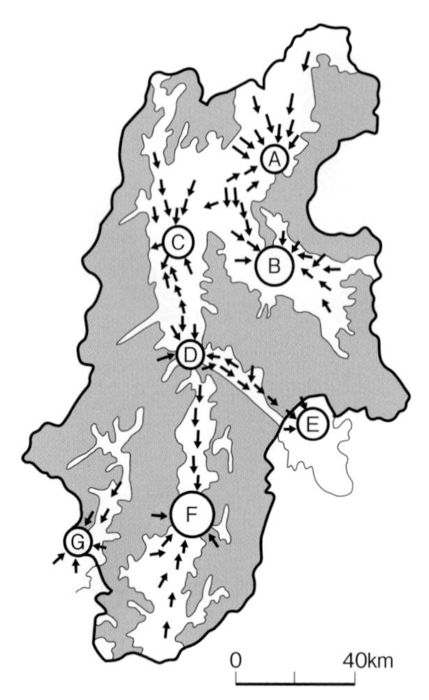

図 7-7　長野県におけるカラスの冬期塒の分布図。A-G に集まるカラスは合計すると15,000 羽を超える。（山岸 1962）

3 本生えている。『日本書紀』には頭八咫烏が 3 本足であるとは記述されていないが，頭八咫烏を 3 本足とする最古の文献は，平安時代中期の『倭名類聚抄』であり，この頃に頭八咫烏が中国や朝鮮の伝承の鳥「三足烏（さんそくう）」と同一視され，三本足になったと推測されている。以上のことから，頭八咫烏は架空の鳥類とした方がよさそうだ。

とはいうものの，これはほとんど妄想に近いが，私は八咫烏は 1 羽ではなく，集団だったのではないかと考えている。私の卒業研究はカラス（ハシボソガラスとハシブトガラス）が集団で塒（ねぐら）に就く行動を調べたものだ。繁殖が終了すると，ある地域のカラスたちは，夜間に特定の場所に集まって眠るようになる。長野県には，そういう場所が当時7か所あって，夕方そこへ集合したり，朝方そこから日中の生活場所へ戻る。その時，カラスの大群のフライト・ライン（飛行経路）ができる（**図7-7**）。ひょっとして神武天皇たちは，山中の集団塒から明け方に平野部へ帰る，この大群に導かれて奈良盆地へ達したのではあるまいか。この図は真冬のものであるが，こうした集団行動が目立ち始めるのは7月ごろからだから，一行がこのような群れに出会った可能性は大きい。

ところで，これは八咫烏とは関係ないが，『日本書紀』には「カラスの羽」の話が出てくる。第30代・敏達天皇紀（巻20），元年五月に，高麗からの使者が上表文を持参する。それを誰も解読できないところを，船史（ふねのふびと）の先祖王辰爾（おうじんに）が解読に成功する。天皇や大臣は大いに称賛する。

汝等所習之業何故不就。汝等雖衆不及辰爾。又高麗上表疏書于烏羽。字隨羽黒既無識者。辰爾乃蒸羽於飯氣。以帛印羽。悉寫其字。朝庭悉異之。

（訳）「お前等の学習している技量は，どうして成就しないのか。人数は多いが辰爾（しんに）には及ばない。」と仰せられた。また，高麗（こま）の上表文は，烏の羽に書いてあった。羽が黒いので，誰も読めなかった。辰爾は羽を湯気で蒸して，柔らかい絹布に羽を押し当て，すべてその字を写し取った。朝廷の人々はみな驚いた。（宮澤435頁）

なんとも，学校の先生が，生徒を前に，「○○君を見習いなさい」と説教している図にも見えてきて微笑ましい。辰爾は隠し暗号を解読したことになる。

さて，烏は『日本書紀』では，もう 3 回登場する。神代下（巻 2）の天稚彦の葬儀を高天原で行う場面で，烏は使者に食べ物を調理する役の**宍人者**として登場する（9 頁）。残る 2 回は，第 39 代・天武天皇紀（下）（巻 29）6 年 11 月 1 日の記述で，筑紫大宰が「赤烏を献上した」のと，第 40 代・持統天皇紀（巻 30）6 年 5 月 7 日に，相模の国司が「赤烏の雛 2 羽を献上し授位された話」である。烏の羽の話も含めて，これらの烏はハシブトガラスかハシボソガラスであろうが，何方であったかはつまびらかでない。なお「赤烏」は赤い烏ではなく，軽度の白化した烏（アルビノ）で，そうした白化個体は燕・鷹・鵜・雀・雉など，珍奇な瑞兆として献上品によく使われた。

閑話鳥題 7

八咫烏と蹴球

日本サッカー協会やサッカー日本代表のエンブレムには，次頁の図のように，三本足のカラスがデザインされている。協会に尋ねてみると，「三本足の烏」（三足烏）という言い方であり，「八咫烏」とはしていないとのことであるが，和歌山県にはその二つを関連付けた「現代の伝説」があるようだ。「ケアニュース by シルバー産業新聞」の 2019 年 11 月 9 日付けの記事によれば，「日本サッカー協会ができて……協会のマークを創ろうという話になり，中村覚之助にちなんだものにすることになった。覚之助が生まれたのは，那智町浜ノ宮。熊野の浜ノ宮は，日本書紀や古事記に現れる神武天皇東征の伝説で，大阪から海伝いに南下して上陸した熊野の地。そこから大和の飛鳥あたり（奈良・橿原）をめざした際に神武天皇の道案内をしたのが、三本足のカラス、八咫烏（ヤタガラス）だった」という（https://www.care-news.jp/wadai/zucDW）。

中村覚之助とは，東京高等師範学校（現：筑波大学）に創設された日本で最初のサッカーチームで部の運営やルールの指導などにあたった，高等師範の生徒。那智駅前の記念碑では「日本サッカーの始祖」とされている。熊野はまた，平安時代，蹴鞠の名人と言われた藤原成通が技の奉納に訪れたとも云われるところらしい。八咫烏かどうかは別として，サッカーでゴールにボールを蹴り込むには，選手も足が３本ほしいことだろう。

サッカー日本代表チームのエムブレム

8章

鴫（しぎ）——しぎの罠にイノシシが掛かる

第1代・神武天皇（巻3）が，配下の部将の功績をたたえ，皇軍のためにねぎらいの宴を設けた。その時に詠まれた歌の中に鴫がみられる。

于儾能多伽機珥。辭藝和奈陂蘆。和餓末菟夜。辭藝破佐夜羅孺　伊殊區波辭。區旎羅佐夜離。固奈瀰餓。那居波佐麼。多智曾麼能未廼。那雞句塢。居氣辭被惠禰。宇破奈利餓。那居波佐麼。伊智佐介幾未廼。於朋雞句塢。居氣儾被惠禰。

（読み）菟田（うだ）の　高城（たかき）に　鴫羅（しぎわな）張る　我が待つや　鴫（しぎ）は障（さや）らず　いすくはし　くじら障り　前妻（こなみ）が　肴（な）乞（こ）わさば　立稜麥（たちそば）の　実の無けくを　こきしひえね　後妻（うわなり）が　肴乞わさば　櫟実（いちさかき）の多けくを　こきだいえね

（宮澤 96 頁）

（訳）菟田の　高地の猟場に鴫（しぎ）をとる罠をかけて，私が待っていると，鴫はかからず，鯨（くじら）がかかった。古い妻が獲物をくれと言ったら，やせたそばの木の果肉が少ないように，肉の少ないところをうんと削ってやれ。若い妻が獲物をくれと言ったら，いちいがしの実の果肉が多いように，肉の多いところをうんと削ってやれ。　（宮澤 96 頁）

この歌謡は，『古事記』(712) 中・歌謡**「宇陀の　高城に　志藝（しぎ）わな張る　我が待つや　志藝は障（さわ）らず　いすくはし　鯨障る」**を引用したものだろうが，鯨は「山鯨」でイノシシの隠語だが，シギの網に猪が実際にかかるのだろうか。よほど丈夫な網だったようだ。これは，わが国の**「ジビエ振興」**のはじまりかもしれない。それにしても，前妻には「肉の少ないところ」，後妻には「肉の多いところ」というのは穏やかな話ではない。

鴫はシギ類の総称で，総じてくちばしと脚が長く，羽色は褐色に暗色の斑点のあるものが多い。ヒバリシギのスズメ大からダイシャクシギのカラス大まで大きさは様々。翼は細長く，飛翔力が強大で，日本には旅鳥として渡来し，ふつう河原・海岸の干潟や河口に群棲する。アオアシシギ・アカアシシギ・タシギなど種類が多い。周年日本に留まるものはイソシギ・ヤマシギ・タマシギなどである。その内よく見られるのはイソシギ（**図 8-1**）とタシギ（**図 8-2**）であろう。今でも，鳥獣保護法により，タシギとヤマシギ（**図 8-3**）は狩猟鳥に指定されているので，シギ捕り専門の罠をかけて狩猟の対象にしたのは，大きさから考えても（小型のイソシギなどは捕らえてもあまり食べるところがないだろう），肉の味が良いことから考えても，タシギかヤマシギだったに違いない。

左上：**図 8-1**　イソシギ（全長 19-21cm）
左下：**図 8-2**　タシギ（全長 25-27cm）
右上：**図 8-3**　ヤマシギ（全長 34cm）

閑話鳥題 8

辛酉（かのと・とり）

『日本書紀』の編者，あるいはそれ以前の歴史編纂者は，中国から伝えられた讖緯（しんい）の説を用いて年代を確定したものと思われる。それによると，推古天皇 9（601）年の辛酉（しんゆう）の年を基準として 1260 年前の辛酉の年，紀元前 660 年を初代神武天皇の即位の年と定めた。東洋史概念を初めて提唱した那珂通世が 1897 年に発表した「上世年紀考」によれば，「辛酉」の年には政治革命が起きやすく（辛酉革命），特に 1260 年ごとに大変革が起こるという考え方からだという。

一方，計量言語学者で古代史研究家の安本美典の推算によると，古代では天皇の平均在位年数は約 10 年となる。現行の西暦とほぼ年代が一致していると思われる第 21 代雄略天皇から 20 代（約 200

年）遡(さかのぼ)ると初代天皇の時代となる，と安本は言う。実際には，神武天皇は西暦 280 年～ 290 年の在位となる。即位が紀元前 660 年と 280 年では何と 940 年もの開きが出てしまう。歴代天皇の代数は変えることができないので，20 代以前の天皇により，940 年の開きを埋めなければならない。そこで古代天皇の在位年数が不自然に延長されたのであろう，と宮澤は考えている。

以上の真偽はともかく，この「辛酉」，言うまでもなく「かのと・とり」である。もっともこの場合の「酉」は「鳥」ではない。角川『大字源』によれば「酉」は酒を醸す壺を象ったもので時間をかけて成熟する状態を意味するのだそうだ。暦に用いるから「日読みの酉」と呼ばれ，動物の「鳥」と区別される。ではそれがなぜ今の十二支で「鳥」となったかというと諸説紛々，本来十二支は順序を表す記号であって動物とは関係ないが，人々が暦を覚えやすくするために身近な動物を割り当てたという説や，生き物やモノに星の並びをなぞらえたバビロニアのいわゆる「十二宮」が伝播してきて十二支と結びついたからだとか，およそ門外漢には判定しがたい。

ともあれインターネット上で，面白いものを見つけた。相場の世界では，「辰巳天井，午尻下がり，未辛抱，申酉騒ぐ。戌は笑い，亥固まる，子は繁栄，丑はつまずき，寅千里を走り，卯は跳ねる」という格言があるのだそうだ（ニッセイアセットマネジメント 2013）。つまり申年と酉年の相場は騒がしく荒れるということだろう。辛酉の前の年，つまり庚申（かのえ・さる）もやはり政治的変革が起こるとされ，それを防ぐために 2 年続けて改元が行われることもあったらしい。酒に酔って騒がしいというのか，はたまたサルもトリも賑やかに騒ぎ立てるからなのか。次の辛酉の年は 2041 年。何が起こるか，『日本書紀』に関心を持ったトリ屋からすれば興味深いところではあるが，おそらく私は生きてはおるまい。

9章

金鵄（トビ）――金鵄（きんし）は陰陽五行説から？

これも，第1代・神武天皇紀（巻3）の東征の際の話である。

十有二月癸巳朔丙申。皇師遂撃長髄彦。連戰不能取勝。時忽然天陰而雨氷。乃有金色靈鵄。飛來止于皇弓之弭。其鵄光曄煜。狀如流電。由是長髄彦軍卒皆迷眩不復力戰。

（訳）十二月四日，皇軍はついに長髄彦（ながすねびこ）を攻撃した。しかし手ごわく，何度戦っても勝つことができなかった。すると，忽然として天が曇り，雹（ひょう）が降ってきた。そこにたちまち，金色の鵄（とび）が飛来し，天皇の弓の上に止まった。その鵄は光り輝き，姿は稲妻のようであった。この光に打たれて，長髄彦の軍兵はみな，目がくらんで混乱し，再び戦うことができなかった。（宮澤104頁）

図 9-1　トビ（全長 オス 58.5cm，メス 68.5cm）

ここに登場するのは，明らかにタカ科のトビ（**図 9-1**）である。金色に輝いたのは，体色が「金色」だったわけではなく，弓の上に止まった時に太陽の逆光を受けたためだろう（**図 9-2**）。あるいは，『日本書紀』は，風水・陰陽五行思想を取り入れていることと関係があるかもしれない。

陰陽五行思想では，この世の中の物象の構成要素を，1）木気（もくき），2）火気（かき），3）土気（どき），4）金気（きんき），5）水気（すいき）の五気とする。この五気は，それぞれ色や儒教的徳目，方角も示している。方角だけを示すと，「木気」は東，「火気」は南，「土気」は中央，「金気」は西，「水気」は北となる。さらに，いくつかの方則があり，「金気は木気に剋つ」というものがある。たとえて言えば，のこぎり＝金気で，樹木＝木

図 9-2　神武天皇，長髄彦軍を破る（月岡芳年「大日本名将鑑」より）

図 9-3　金鵄勲章（メトロポリタン美術館蔵）

気を倒す，とでも言えようか。

　さらに，十二支のうち，金気に配される動物は，酉を中心として申・戌が該当する。神武天皇は，九州から出発して東征に向かう。金気＝西から，木気＝東へ挑むわけである。こうして，金気と酉が結びつき，酉を「鵄」にしぼると「金鵄」が登場してくるのだ。これは「金剋木」のもと，最上無比の表象なのだと宮澤は言う。

　「金鵄勲章」（**図 9-3**）の由来にもなったありがたい鳥だが，実はこ

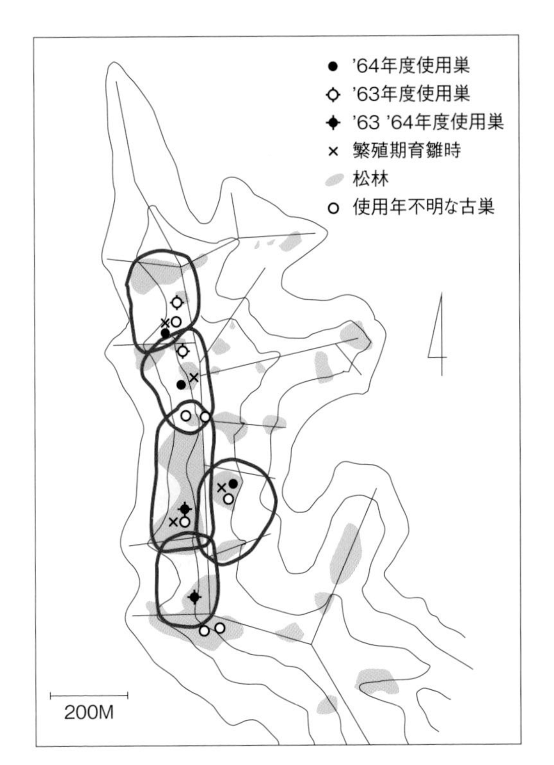

図 9-4 トビの繁殖なわばり配置図（羽田ほか 1965） 赤線で囲んだ領域が，それぞれのつがいのなわばり範囲。

の鳥は他の猛禽類とは少し習性が異なり，小動物の死体や残飯を漁る，少々格が低いタカである。そのためか，地方によっては「馬糞鷹（まぐそだか）」とか「屁鷹（へったか）」と呼ばれて馬鹿にされることもある。金鵄とはだいぶイメージが違うが，それでも神武天皇を助け勝ち戦に導けば「金鵄勲章」の原型にもなるのだろう。海岸や市街地に住み，晴天の日に「ピーヒョロロ」と特有の声で鳴きながら円を描いて滑翔

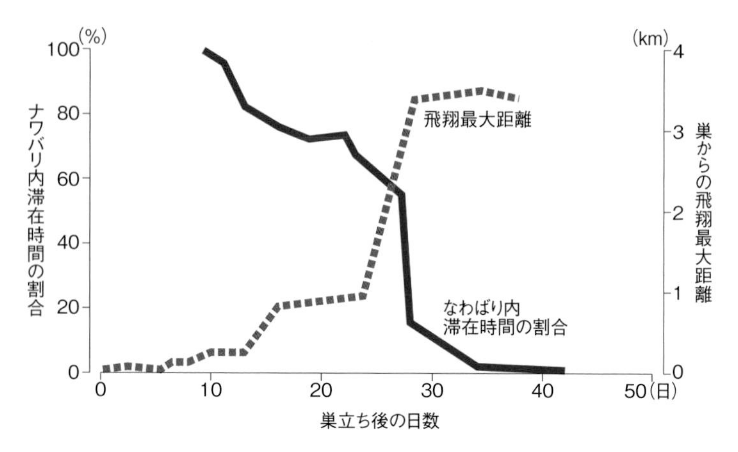

図 9-5　1羽のトビの雛が山地を巣立って河原に出て行く過程（山岸 1996c）

する。

さて，トビの社会となると意外と知られていない。彼らは，繁殖期（春）には，平野に接する低い山地のアカマツの大木などに大きな巣をかける。一夫一妻で2月下旬ころから7月末まで子育てをする。彼らは，巣から100mほどの繁殖なわばりの内部に侵入した他のトビは追い出すが，それ以外の場所はいわば共有地である（**図 9-4**）。

3月中旬より産卵を始め，産卵数は1～3卵，1か月ほど雌が抱卵すると雛が孵(かえ)り，両親はその後40日以上にわたって雛にヘビやカエル，ネズミなどを運んで育雛する。こうした餌を集めてくる場所が，河川や耕作地，ゴミ捨て場であり，河川の中州でじっと止まっているトビは屠殺場などから流れてくる動物の残骸を待っているのである。そうした共有地に出たトビたちは仲良く集まって採食したり休息する。

図9-4の4つの繁殖期の巣のうちの，ある1羽の雛に足輪をつけ，その雛が河川に辿りつくまでの過程を見たのが**図9-5**だ。雛は巣立ち後10日位までは親のなわばりを出ることはない。その後徐々に耕作地などに出て行くようになり，なわばり内に滞在する時間が減少するが，26日後位から急になわばり内で過ごす時間が少なくなって，出かける距離も遠くなる。そして30日後位になると，巣から3km以上遠出をするようになり，ついに河川に到達する（小泉光弘，未発表資料に基づく**図9-5**）。

親につきまとって餌をもらっていた雛は，なわばり外へ出る頃より自分で狩りの練習を始め，河川に到達する頃からは自力で採食するようになる。そして，巣立ちから40日を過ぎると，それまでは夜間親のなわばりに戻って眠っていた雛たちも，近隣のトビと一緒にみな集団で眠るようになる。

非繁殖期（夏・秋・冬）になると，周辺の親鳥や巣立った若鳥が集団をつくり，日中は特定の範囲で採食し，夜は集団ねぐらで眠る。繁殖期である**図9-4**の外縁の長方形は，**図9-6**の非繁殖期の中央部分の赤色の長方形に一致するが，**図9-6**の範囲には，**図9-4**で示したつがい以外のトビたちも多数繁殖していて，**図9-4**で示された5つがいを含む地域群は，非繁殖期には349羽にもなって夜間には集団ねぐらに就く。冬季には，こうした地域群がいくつも連なり，トビの社会は形成されているのだ（羽田ほか1966）。

ところで，『日本書紀』にはもう2回「鵄」が登場する。神代下（巻2）の天稚彦の葬儀に，「鳥」と違って「鵄」は**造綿者**（わたつくり）（死者に着せる衣服を作る者）として現れる（9頁）。もう1回は，第39代・天武天皇紀（巻29）4（677）年正月17日，「近江の国が白い鵄を献上した。」という記述である。

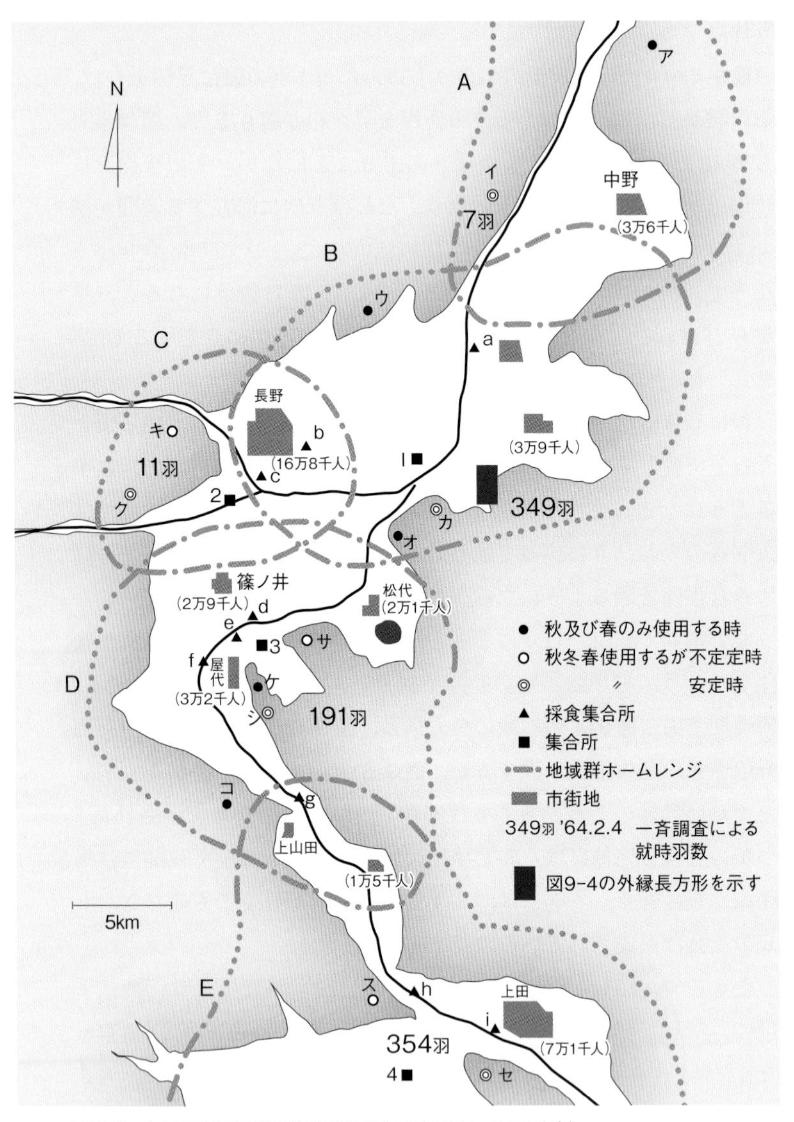

図 9-6 トビの非繁殖期の地域群の分布（羽田ほか 1966 改変）。

閑話鳥題 9

金鵄と校章

霊鳥としての霊験を買われたのか，全国で金鵄を校章にしている学校は数多い。著者二人の母校，長野県長野高等学校の校章にもなっている。校歌も「……我に金鵄の光あり。」で終わっている。

金鵄の校章は，例えば，奈良県立畝傍高等学校，私立奈良学園登美ヶ丘幼小中高など枚挙にいとまない。特に，奈良学園登美ヶ丘のホームページには，「登美ヶ丘の地名は，神武天皇の伝説に由来しています。『日本書紀』によれば，飛来した金鵄が，神武天皇の弓矢にとまり光り輝いたことで，相手方の兵が皆幻惑したため，神武天皇方が勝利し，大和を平定しました。そこでこの地が鵄邑（とびのむら）と呼ばれました。その後，鳥見郷，鳥見庄と変わり，登美となったそうです。」と書かれている。まさに『日本書紀』の故地らしい。

長野県長野高等学校校章

奈良県立畝傍高等学校校章
（畝傍高校のご厚意による）

奈良学園登美ヶ丘校章

10章

桃鳥（トキ）・桃花鳥

——桃花鳥（つき）はトキではない？

桃花鳥（つき）は，「とき」の古名であり，「つく」とも呼ばれた。学名を「*Nipponia nippon*」といい，「日本」の国名を二つも持つ，わが国を代表する鳥のように思える。ペリカンの仲間，成鳥は全身が白色で（**図 10-1**），風切り羽は桃の花（ピンク）色をしていることから（**図 10-2**），この名がついたのであろう。

嘴の先は赤く，額，頭，顔，下顎はしわのある赤い皮膚に覆われている。足は薄赤色をしていて，後頭部には細長い柳葉状の冠羽が生えている。春先に繁殖期が近づくと，首の近くにある分泌腺から出るタール状の物質を嘴を使って塗り付けるため，上半身が黒くなる。これは婚姻色と呼ばれ繁殖が始まる兆候である。

『日本書紀』には，第 3 代・安寧天皇紀（巻 4）と第 11 代・垂仁天皇紀（巻 6）と第 28 代・宣化天皇紀（巻 18）に，以下の 3 つの「桃花鳥」の記述がある。いずれも陵墓を造ったという話で，場所は奈良県橿原市周辺である（**図 10-3・10-4**）。中でも，垂仁天皇が造営させ

図 10-1　トキ（全長 77cm）

た桃花鳥田丘上陵で，近習を生き埋めにし殉死させることをやめて，埴輪を発祥させたという伝承は，よく知られている。

(安寧天皇) 元年冬十月丙戌朔丙申。葬神渟名川耳天皇於倭桃花鳥田丘上陵。尊皇后曰皇太后。

（訳）元年の十月十一日に，綏靖（すいぜい）天皇を倭（やまと）の桃花鳥田丘上陵（つきたのおかのうえのみささぎ）に葬りまつった。綏靖天皇の皇后を尊んで皇太后と申し上げげた。　（宮澤 115 頁）

(垂仁天皇) 廿八年冬十月丙寅朔庚午。天皇母弟倭彦命薨。〇十一月丙申朔丁酉。葬倭彦命于身狭桃花鳥坂。於是集近習者。悉・生而埋立於陵域。數日不死。晝夜泣吟。遂死而爛臰之。犬烏聚噉焉。天皇聞此泣吟之聲。心有悲傷。詔群卿曰。夫以生所愛令殉亡者。是甚傷矣。其雖古風之。非良何從。自今以後。議

図 10-2　止まっていると白いが飛翔するとピンクに見える（撮影者については後述）

之止殉。

（訳）二十八年の十月五日に，天皇の同母弟倭彦命（やまとひこのみこと）が薨去（こうきょ）された。十一月二日に，倭彦命を身狭（むさの）（奈良県橿原市見瀬町）桃花鳥坂（つきさか）に葬りまつった。この時，近習の者全員を，陵の境界に生き埋めにした。ところが死にきれず，昼夜泣き呻（うめ）く声が響いた。やがてだんだんと力尽き，死んでいくと腐臭が漂った。そこへは犬や鳥が集まり，腐肉を食った。天皇は，この泣き呻く声を聞かれ，深く悲しまれた。そして，群卿に詔して，「生きている時に寵愛せられたからということで，亡者に殉死させるのは，はなはだ心痛むことである。議して殉死をやめさせよ。」と仰せられた。　（宮澤 149 頁）

図 10-3　桃花鳥田丘上陵

図 10-4　身狭桃花鳥坂陵（鳥屋ミサンザイ古墳）

(宣化天皇) 四年春二月乙酉朔甲午。天皇崩于檜隈廬入野宮。時年七十三。○冬十一月庚戌朔丙寅。葬天皇于大倭國身狭桃花鳥坂上陵。以皇后橘皇女及其孺子合葬于是陵。

(訳) 四年の二月十日に，天皇が檜隈廬入野宮で崩御された。御年七十三であった。十一月七日に，天皇を大倭国の身狭桃花鳥坂上陵に葬りたてまつった。皇后橘皇女とその孺子とを合葬しまつった。

(宮澤 386 頁)

有名な伝承ではあるが，ここに出てくる「桃花鳥」という地名が，鳥類のトキとどう関係するのかを見極めるのは難しい。その手掛かりになりそうな次のような記述を，ある神社の社伝に見つけることができた。

橿原市には，「鳥坂神社」という社があり，その社伝（五郡神社記，1446）に，「神武天皇道臣命を賞して宅地を賜い，築坂邑に居らしめて之を寵す。此の時，道臣命神府を築坂に造りて，先祖父子の神を奉祀し，築坂神社と号す。然る後，此の坂多く桃花生え，呼んで桃花坂と云う。旧号を負うて桃花を読んで津支と云う，是本縁也」（漢文意訳）とある。

つまり，この坂のあたりにトキ（桃花鳥）が生息していたから「桃花鳥坂」になったのではなく，桃の花が多かったからついた地名らしい。また，もとは「築坂」だったというから，ますます鳥のトキとは関係なさそうだ。なお，現在の「鳥坂」神社という社名は，古代の「築坂」が「衝坂」あるいは「桃花鳥坂」へ変化し（読みは，いずれもツキサカ），後世，「桃花鳥坂」の「桃花」が省略されて「鳥坂」へと変化し，読みも“ツキサカ”から“トリサカ”へ転じたという。こうなると，「桃花鳥田」や「桃花鳥坂」の「桃花鳥」

は，残念ながら鳥類とは関係ないと言わざるを得ないが，その当否の判断は，文献学や言語学，地理学の専門家に任せたい。

それはさておき，地名ではなく鳥類としてのトキといえば，日本のみならず世界的な環境保全の象徴的な存在であるだけに，詳しく触れておかねばならない。かつて日本海沿岸を中心に広く見られたトキは，昭和の初め以降，急速に稀少化した。昭和 9（1934）年に天然記念物に指定された当時は佐渡一円に生息していた約 100 羽のトキは，戦時体制下を経た昭和 25（1950）年には 39 羽に減少した。そこで昭和 27（1952）年には特別天然記念物に指定され，その保護が図られた。佐渡朱鷺愛護会をはじめ地元保護団体ができた。地域住民，関係市町村，新潟県及び国は保護監視，冬期間の給餌，生息地の買い上げ，生息環境の保全など対策の充実強化に努めた。

その結果，生息数は昭和 34（1959）年の 4 羽を底として 38（1963）年は 8 羽，43（1968）年は 10 羽，更に 47（1972）年には 12 羽を数えたが，翌 48（1973）年からは 8 羽に止まるなど年々の雛の巣立ちが生息数増に結びつかない状態が続いた（環境庁 1979）。さらに，1960 年には国際保護鳥に指定されたが，時すでに遅く，1970 年に能登半島で 1 羽，1981 年に佐渡で 5 羽のトキが捕獲されて飼育下に移され，日本に野生トキはいなくなった（環境庁 1981）。この捕獲に際しては，佐渡島民は必ずしも全面的に賛意を表していたわけではなかった。それは，そのような状況にしてしまった行政への「今さら何を！」という不信感であったのかもしれない（**図 10-5**）。

ともあれ，この昭和の減少の原因は，1）猟銃による狩猟圧，2）農薬に汚染された餌を食べた，3）森林が破壊されて営巣木が少なくなった，ことによるらしい。そして，飼育されていた日本産トキの最後の 1 羽，「キン」が 2003 年に 36 歳で死亡し，わが国のトキは完全に絶滅してしまったのである。

図 10-5　捕獲隊の宿舎の前の堤防に，雪を削って書かれた横断幕（山階鳥類研究所提供）。

佐渡島でトキの生息数が底をついた 1959（昭和 34）年に，日本野鳥の会創設者・中西悟堂が島を訪れて**図 10-6** を書いている。聞き取りによる，過去のものまで含めると目撃地点は 34 か所になる。これは非常に貴重な資料だ。将来野生復帰させた時の生息地と比べてトキの好みを解析することが可能だからだ。

2008 年 9 月 25 日，秋篠宮殿下ご夫妻をお招きして，人工飼育され増殖された約 100 羽のトキのうち 10 羽が 27 年ぶりに佐渡の空に放たれた（**図 10-7**）。その時のご感想を，殿下は翌年の歌会始に次のように詠っている。

大空に　放たれし朱鷺　新たなる　生活求めて　野へと飛びゆく

（秋篠宮殿下）

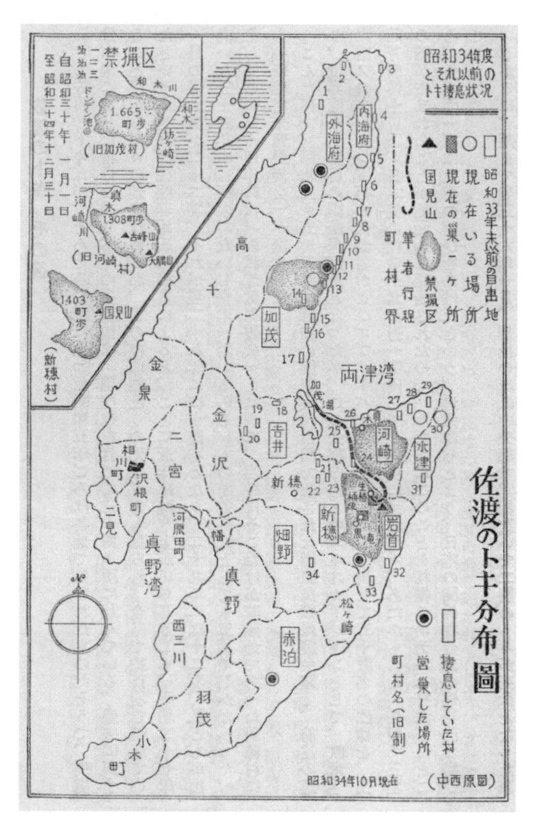

図 10-6　1959 年，生息数がわずか 4 羽となった時点で中西悟堂が示した佐渡のトキの分布図（中西 1963）。

その後も引き続き毎年放鳥され続けた成鳥（398 羽放鳥し，158 羽が生存していると推定される）や，そうした鳥たちが自然状態で繁殖し野生下で誕生した推定個体数 275 羽を足すと，人工飼育を始めてから約半世紀後（2021 年 3 月 31 日現在），433 羽が，殿下が期待したように，「新たなる生活を求めて」佐渡島で生息している。

図 10-7　秋篠宮殿下ご夫妻による，2008 年 9 月の放鳥式典（山階鳥類研究所提供）

環境省が放鳥後の確認地点を公表しているが（Mochizuki *et al.* 2015, **図 10-8**），**図 10-6** とはかなり異なっており，平野部を彼らは選択しているようである。絶滅間際に生息していたのは，トキたちが好んで住んでいたところではなく，人間活動によって追い込まれた人里離れた山奥だったようだ。

ちなみに，先の**図 10-2** は，皇族の高円宮妃殿下が撮影された写真であり，**図 10-9** はそのときの様子。妃殿下の後ろにいるのが山岸である。先に，山階鳥類研究所と皇室の関係を紹介したが，今の上皇や昭和天皇も動物学者であるように，もともと博物学は世界中で貴族の営みであったようで，日本でもそうした伝統があるのだろう。「雉」の章（27 章）で，キジが国鳥になった経緯に関わって紹介する，昭和の鳥類研究をリードした黒田長禮や鷹司信輔も，それぞれ旧筑前福岡藩黒田家，藤原氏摂関家鷹司家の当主だ（もっともそ

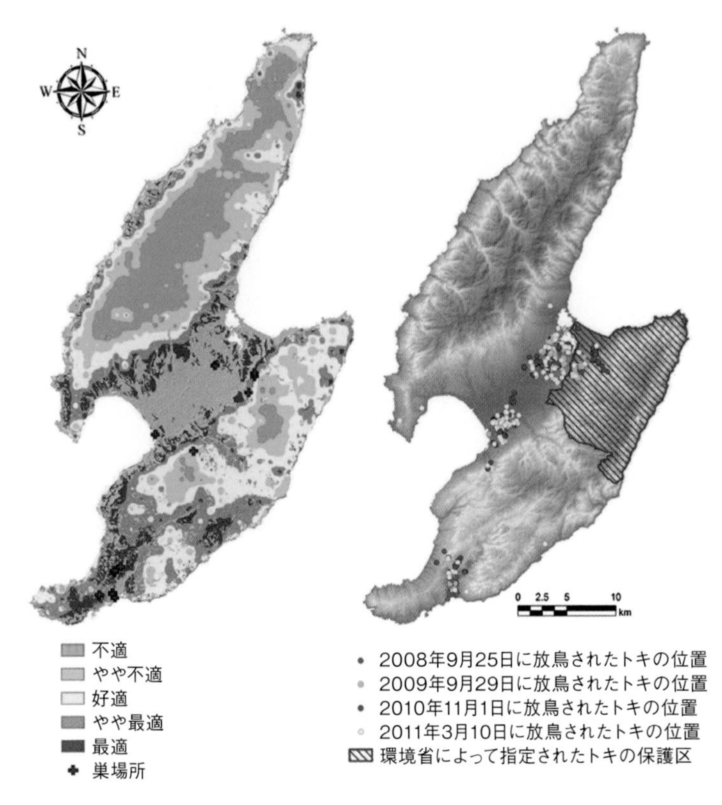

図 10-8 GIS を使って推定した佐渡島のトキの潜在好適繁殖地（左）と放鳥したトキがいた場所（右）。残念ながら環境省が指定したトキの保護区は，トキにはあまり好かれていないようだ。（Mochizuki *et al*. 2015）

の時の鳥学会の会頭内田清之助は銀座の裕福なタバコ屋の息子さんだったそうだが)。ちなみに長禮の長男，黒田長久も高名な鳥類学者で，山岸は長久博士の後を受けて山階鳥類研究所の第 3 代目の所長を拝命した。現在でも野生動物の保護に熱心な人々がそうした家柄には多い。本書に何度も皇族の方々が登場するのはそのためで，妃殿下も大変な鳥好きで鳥類保護の世界組織「Bird Life International（バー

図 10-9　図 10-2 の写真を撮られている高円宮妃殿下（撮影：大山文兄）

ドライフ・インターナショナル)」の総裁をされている。環境保護が世界的な課題になっているにもかかわらず，必ずしも皆が実践できずにいる時代，文字通り「国民の象徴」としてその先頭に立っていることには敬意を表したい。

さて，すでに述べたように，わが国で最後までトキが生き残った地域として，佐渡の他に能登半島がある。なぜ能登に残ったのかについて，石川県が出した資料の中に以下の示唆的な記述がある（石川県環境部自然環境課 2012）。

「加賀藩が，寛永 16（1632）年 2 月に，近江栗太郡（現栗東市周辺）からトキを移入して，今石動城・宗守・樋瀬戸・嫁兼・広谷・香城寺などに 100 羽放鳥した。」

（小矢部市史上巻・『越中御鳥見被仰渡帳』）

その後もたびたびのトキの羽の買い上げ（1枚1文）の記録やトキの羽を持参した者への減税のお触れもあるので，ともかくトキの羽がほしかったのだろうが，その使用目的ははっきりしない。矢羽根にしたとの記録もあるが，老舗弓具店によると，トキの羽は厚みがないので，実用的ではなく，「矢屏風」や悪魔払いの儀式や神事用の装飾品として使われたのではないかと類推されている。特に，金沢城には「矢天井の間」があり，それを葺くのに使われたという説もある。

使用目的がなんであったのかさておき，ここで重要なのは，トキの放鳥がすでに江戸時代に行われていたことと，近江・加賀・能登・越中・越前・越後国辺りにはトキが比較的多数生息していて，それが明治・昭和期の「国土開発」によって圧迫され，あまり人手が入っていなかった能登や佐渡の山間部に閉じ込められたということではなかろうか。中西による**図 10-6** のトキの分布図はこの状況を示しており，**図 10-8** の保護区はこれに引きずられて指定されたものだろうが，実はトキの本来の生息域は平野と山地の境目あたりにあるようだ。

閑話鳥題 10

添い遂げたウモウダニ
日本産トキと一緒に絶滅

野鳥誌に，このタイトルの記事が載ったのは2020年のことだ。日本産トキとだけ相利共生していた「トキウモウダニ」は，羽の古い油やカビなどを食べてくれるよい働きをするダニだったが，日本産トキとともに絶滅してしまった。このように一つの種の絶滅は，その種の絶滅にとどまらず，他の種の絶滅も引き起こすことを伝えている（島野・脇 2020）。

この結果を受けて，2020年3月27日に環境省のレッドリストでは，このダニは「野生絶滅（EW）」から「絶滅（EX）」に変更された。興味深いことに，現在，わが国で野生に放鳥されている中国産トキには，「トキエンバンウモウダニ」という別種のダニが寄生しているという。

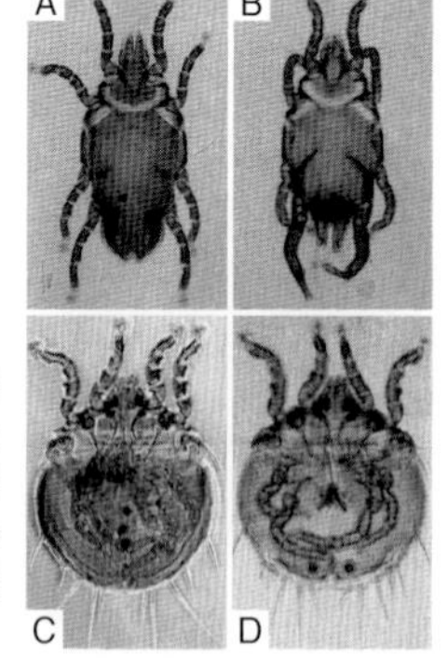

日本産トキ最後の個体“キン”から得られたトキウモウダニ *Compressalges nipponiae* Dubinin 1950（A：雌，B：雄）。中国陝西省産トキ野外生息個体から得られたトキエンバンウモウダニ *Freyanopterolichus nipponiae* Dubinin, 1953（C：雌，D：雄）の光学顕微鏡写真（Waki & Shimano 2020より）

11章

雀（すずめ）――雀魚とはハリセンボン

第10代・崇神天皇（巻5）は二人の皇子のうち，どちらを皇太子に立てたらよいのか分からなかった。そこで，二人が見た夢によって占うことにした。

二皇子於是被命。淨沐而祈寐。各得夢也。會明。兄豐城命以夢辭奏于天皇曰。自登御諸山向東。而八廻弄槍。八廻擊刀。弟活目尊以夢辭奏言。自登御諸山之嶺。繩絙四方。逐食粟雀。則天皇相夢。謂二子曰。兄則一片向東。當治東國。弟是悉臨四方。宜繼朕位。

（訳）二人の皇子は，天皇の命を受けて，水浴して身髪を清め，お祈りして寝た。するとそれぞれ夢を見た。夜明けに兄豊城命（とよきのみこと）は，夢のお告げを天皇に奏上して，「私は御諸山（みもろのやま）に登り，東に向かって八回槍を突き出し，八回撃ち振りました。」と申し上げた。弟活目尊（いくめのみこと）も，夢のお告げを奏上して，「私は御諸山の嶺（みね）に登り，縄を四方に引き渡し，粟を食べる雀を追い払いました。」と申し上げた。そこで天皇は夢占いをされて，二人の息子に，「兄は，もっぱら東方へ向いていた。そこで，東国を統治するがよい。弟は，四方のすべてに臨んでいた。まさに私の位を継ぐのにふさわしい。」と仰せられた。　（宮澤 133 頁）

スズメほどよく知られた鳥はないだろう。ここではスズメは「粟」を食う困った鳥として描かれていて，これを追い払うシーンが出てくるが，スズメは昔から人に最も身近なところに住み，人が育てる「稲」をはじめ「粟」「稗」などの穀類や，人の出す残飯に頼って生きてきた。そのうえ，巣は人家の軒下を借り，「食･住」を人間に依存してきた。長野県飯山市の山間村では，全戸離村が起きると，その 2，3 年後にはスズメも姿を消したという。スズメは人と離れては生活できないのだ（佐野 1973）。

穀類をどのくらい食べているかを，現在の農水省が農商務省と呼ばれた頃に調査した記録が残っている（農商務省農務局 1923）。1 年を通じて 2,617 羽のスズメの胃内容物を剖検して，**図 11-1** が作成された。穀物，雑草，益虫，害虫に分けて，月別にそれぞれが食べられた百分率が示されている。雛を育てる季節は別として，秋から冬･春にかけては，かなりの穀類を食べていることがこれでわかる。案山子や鳴子や爆音機で，農家の人々が何とかスズメを追い払おうとしていることからもわかるように，スズメは乳熟期の稲が大好きなのである。

スズメ（**図 11-3**）は奈良時代から「すずみ」「すずめ」としてよく知られている。

『日本書紀』には，巻 2，巻 5，巻 14，巻 20，巻 26 に，「すずみ」

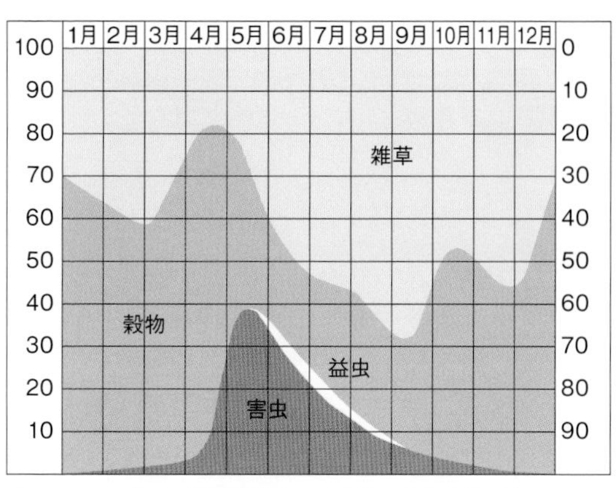

図 11-1　スズメの年間を通じての食性の変化（農商務省 1923）

の名が記されている。その他に，第 35 代・皇極天皇紀（巻 24）元年 7 月 23 日に「蘇我臣入鹿（そがのおみいるか）に仕える少年の従者が，白雀（祥瑞）の子をつかまえた。この同じ日の同じ時に，ある人が白雀を籠に入れて，蘇我大臣に送った。」の記事があり，第 36 代・孝徳天皇紀（巻 25）白雉元年 2 月に「白雀吉祥なり」と記されている（**図 11-2**，252 頁**図 35-4**）。「しろすずみ」「あかすずみ」は瑞祥とされたのであり，「しろすずみ」はスズメの白化個体であり，「あかすずみ」はスズメの変異個体で，軽度の白化で褐色の羽色が赤褐色になったものと考えられる。

「すずめ」の語源として，鈴木朖は「シュシュ（鳴き声）」と，「め（群）」からとしている（『雅語音声考』）。新井白石のように「ささ（小さい）」と「め（群れ鳥）」という説もある（『東雅』）。いずれにしても群れをなす鳥ということか。先述したように，「ミソサザイ」という小鳥の古名，「ささき」の語源は「小さい鳥」という説（松岡静雄）が有力で，『日本書紀』では仁徳天皇を「大鷦鷯尊（おおさざきのみこと）」としているが，

図 11-2 スズメの白化個体。杏の花の中で見事に映えて，なるほど瑞祥とされるのも頷ける（撮影：岸本登巳子）。白化個体の古代史における意味については，35章で詳述する。

『古事記』では「大雀命（おほさざきのみこと）」とし，ミソサザイとスズメの両方を「ささき」と呼んでいたと思われる。

ところで，わが国にはスズメがもう 1 種いる。ニュウナイスズメ（**図 11-4**）である。**図 11-3** と**図 11-4** を見比べると分かる通り，とて

図 11-3　スズメ（全長 14-15cm）

図 11-4　ニュウナイスズメ（全長 14cm）

もよく似ている。ニュウナイスズメの繁殖分布域はわが国の森林帯上部クリ帯と下部クリ帯内部にほぼ一致し，羽田健三は，この繁殖分布域の外縁に学名 *Passer rutilans* にちなんだ「rutilans line」という名前を提唱した。それは，年平均気温が 10℃以下の範囲に一致する（**図 11-5**）。

ニュウナイスズメはスズメよりやや小さく，雄は頭，背が赤栗色で，背には黒い縦斑がある。顔はスズメと異なり黒斑がなく，柳田国男はニュウ（ニフ）は，頬のこの黒斑だとして，「(ニュウ）の無いスズメ」としているが，大言海に「**にふない**は新嘗(にひなへ)の訛り，新穂を人より先に食む意かと云う」とでている。ニュウナイスズメは未熟

図 11-5　ニュウナイスズメの繁殖地とルテランス線（羽田 1953）　肌色の分布域は，当時の年平均気温 10℃以下の地域と良く一致する。

の稲の種子を好んで食うので，こちらの方が妥当であろう。『日本書紀』の時代にこれらを区別していたとは信じがたいが，江戸時代には確実に区別したようだ。**図 11-5** の北方の繁殖域から，秋になると南西日本へ移動して稲に被害を与えるようだ。

話はこれで終わらない。日本のスズメによく似たイエスズメ *Passer domesticus* がヨーロッパからユーラシア大陸の東端まで広く分布している（**図 11-6**）。そこには，日本のスズメと同種 *Passer montanus* も分布している。そして，*dometicus*（家の）と *montanus*（山の）というラテン語の学名からもわかるように，イエスズメは人家に密着して生息し，スズメは山林に住んでいる。ちなみに，この地域にはニュウナイスズメ *Passer rutilans*（赤いの意）はいない。

図 11-6　イエスズメ（全長 17cm）
（水谷高英 画）

日本では，すでに見たように，スズメとニュウナイスズメが分布し，ヨーロッパとは異なりスズメが人家近くに，ニュウナイスズメが山林に住んでいる。イエスズメはいない。こうした関係は，体の大きさによる「力関係」から生じているらしい。つまり，イエスズメ＞スズメ＞ニュウナイスズメという体の大きさの勾配があって，大きさに従って強さの順序が決まり，強い種が生活しやすい人家近くを占拠するのだろうと想像される。

ところが，1990 年に北海道の利尻島で，初めてイエスズメが確認された（佐野 1990）。イエスズメの東進が進み，ついに日本への侵入が開始したのだ。北米では，1985 年から 100 つがい以上のイエスズメがヨーロッパから人為的に持ち込まれ，50 年後には，ほぼ北米全土に広がったから，日本でもスズメ類三者の関係がどうなるのか興味が持たれたが，30 年後の今日でも，イエスズメは北海道でさえ広がりを見せていないようだ（松岡 1995）。北米で広がった理由は，多数のつがいが放鳥されたこと，近縁種のスズメ類（*Passer* 属）が存在しなかったからではあるまいか。イエスズメが今後どうなるかにかかわらず，『日本書紀』の時代には，イエスズメがいなかったことだけは確かだ。

ところで，限界集落から離村するのは，もちろん「人が先」であることはすでに述べた。それでは，ユーラシア大陸を西から東進してきたスズメが，日本海を越えて日本に到着したのは，人が先だろうか，スズメが先だろうか。人間の方が先に来ていて，弥生時代の農耕の開始によって，スズメが移住してきたのか，それともスズメは野生のイネ科の植物の種子も食べるので，稲作農業の開始を待たなくても生息は可能だったという二つの考えがある（浦本 1974）。これが解明されるのはまだまだ先の話だ。

神代下（巻 2）の天稚彦の会葬の際にもスズメは**舂女**（つきめ）（葬儀用の米をつく女）として登場する（9 頁）。やはり米と関係が強いのだろう。

第 37 代・斉明天皇紀（巻 26）4 年には，さらに次の記述がある。

出雲國言。於北海濱魚死而積。厚三尺許。其大如鮐。雀喙針鱗。々長數寸。俗曰。雀入於海化而爲魚。名曰雀魚。

（訳）出雲の国から，「北海の浜に，魚が死んで積み上がっています。その厚さは三尺（約九一センチ）ほどあります。魚の大きさは河豚（ふぐ）ほどで，雀のような口を持ち，針の鱗（うろこ）があります。鱗の長さは数寸（一寸は約三センチ）です。土地の人は，『雀が海に入って，魚になった。名付けて，雀魚（すずめうお）という。』と言っています。」との奏上があった。

（宮澤 578 頁）

こうなると，完全に作り話だろうと思っていたら，『魚と貝の大事典』（1997）にこれに該当する魚を見つけた。鱗が変化した鋭い棘を千本持つと言われる，ハリセンボンがそれだ（**図 11-7**）。奇特なことにも針の数を実際に数えた人がいるが400本以下だったそうだ。また，ハリセンボンは漢字で「雀魚」ではなく「魚虎」と書く。それにしても，これらの棘を鱗であると喝破した当時の人々の見識には感心するばかりだ。

図 11-7 ハリセンボン（フグ目ハリセンボン科）。確かに口は雀のくちばしに似ている

さらに，ハリセンボンは，本来熱帯性の魚だが暖流に乗って北上し，水温が低下する冬季に海岸部に大量に漂着することがあるそうだ。死んで3尺も積み上がるところもそれらしい。これらの漂着個体は水温が低すぎるため繁殖できずに死ぬわけだが，出雲国（島根県）の記録であることも，対馬暖流に乗って来て，北からの冷たいリマン海流に出会うあの辺で大量死が起こることによく合致していそうだ。

最後に，第30代・敏達天皇紀（巻20）14年にも雀が出てくる。

秋八月乙酉朔己亥。天皇病彌留崩于大殿。是時起殯宮於廣瀬馬子宿禰大臣佩刀而誄。物部弓削守屋大連听然而咲曰。如中獵箭之雀鳥焉。次弓削守屋大連手脚搖震而誄。搖震戰慄也。馬子宿禰大臣咲曰。可懸鈴矣。由是二臣微生怨恨。

（訳）十四（五八五）年八月十五日に，天皇は重病になられ，大殿（おおとの）で崩御さ

> れた。この時，殯宮（もがりのみや）を広瀬（ひろせ）（奈良県北葛城郡河合町河合）に造った。馬子宿禰大臣（うまこのすくねのおおおみ）が，佩刀（はいとう）して誄（しのびごと）を申し述べた。物部弓削守屋大連（もののべのゆげのもりやのおおむらじ）は，大笑いして，「大きい矢で射られた雀のようだ。」と言った。次に弓削守屋大連が，手足を震わせて［揺震とは戦慄（せんりつ）することである］，誄を申し述べた。今度は馬子宿禰が笑って，「鈴をかけるがよい」と言った。これによって，二人の臣は次第に怨恨を持つようになった。
>
> （宮澤 447 頁）

という話だが，要は，敏達天皇の葬儀に際して，二人の重臣が弔辞を述べたが，崇仏派の蘇我馬子（そがのうまこ）が刀を腰にさして弔辞を述べると，刀が長かったのか馬子が小さすぎたのか，「大きい矢で射ぬかれた雀のようだ」と物部守屋に揶揄（やゆ）され，次に，悲しみに打ち震えたのか，悲しい振りをしたのかわからないが，排仏派の守屋が震えながら弔辞を読むと，馬子から「その震える腕に鈴をかけるとチリチリ鳴って面白そうだ」と揶揄し返されたという泥仕合だろう。そして二人はますます仲が悪くなっていったそうだが，スズメについて，ここでは生物学的に説明する必要はなさそうだ。

閑話鳥題 11
日本にスズメは何羽いるのか

『日本書紀』の昔から，最も人に近くなじみの深い鳥であるスズメだが，全国で何羽いるか推定した研究がある。生息密度が異なると予想される5つの環境（商用地・住宅地・農村・非繁殖地・その他）において，実際にスズメの巣密度を野外調査した。そして，それぞれの環境が日本本土に何平方キロメートルあるのかをGISデータより求めて，環境ごとに面積と巣密度をかけることによって，日本本土におけるスズメの全巣数を推定したのだ。その結果，約900万巣という結果が得られた。スズメが一夫一妻だと仮定すると，この値を2倍して，2008年の繁殖期における日本本土のスズメの成鳥個体数は，およそ1,800万羽と割り出されたのである（三上 2008）。

さらに現在のスズメの個体数は，原因は特定できないが1990年ごろの個体数から20%から50%程度減少していると推定されている（三上 2009）。どこでも見られる，ありふれた鳥スズメも，この調子で減っていくといつか希少種になってしまうのだろうか。

12章

白鳥（はくちょう）——鳴鵠（くぐひ）はハクチョウか，それともコウノトリか？

第11代・垂仁天皇紀（巻6）23年9月2日にこのような記述がある。

廿三年秋九月丙寅朔丁卯。詔群卿曰。譽津別王。是生年既卅。髯鬚八掬。猶泣如兒。常不言何由矣。因有司而議之。○冬十月乙丑朔壬申。天皇立於大殿前。譽津別皇子侍之。時有鳴鵠。度大虚。皇子仰觀鵠曰。是何物耶。天皇則知皇子見鵠得言而喜之。詔左右曰。誰能捕是鳥獻之。於是。鳥取造祖天湯河板擧奏言。臣必捕而獻。卽天皇勅湯河板擧（板擧。此云挖儺。）曰。汝獻是鳥必敦賞矣。時湯河板擧遠望鵠飛之方。追尋詣出雲而捕獲。或曰。得于但馬國。

十一月甲午朔乙未。湯河板擧獻鵠也。譽津別命弄是鵠。遂得言

語。由是以敦賞湯河板擧。則賜姓而曰鳥取造。因亦定鳥取部。鳥養部。譽津部。

（訳）二十三年の九月二日，群卿に詔し，「誉津別王は，今すでに三十歳となった。ひげもたいそう長く伸びたのに，なお赤児のように泣いてばかりいる。いつも言葉を話さないのはいったいどうしてだろうか。担当の役人の協議を願う。」と仰せられた。十月八日に，天皇が大殿の前にお立ちになり，そばに誉津別皇子が付き従われていた。その時，白鳥が大空を飛び渡った。皇子は仰いで白鳥をご覧になり，「あれは何者か」と言われた。天皇は皇子が白鳥を見て，ようやく物を言うことができたのを知って，たいそうお喜びになり，詔して，「誰かあの鳥を捕らえて献上せよ。」と仰せられた。その時，鳥取造の祖天湯河板挙が奏上して，「私が，必ず捕らえて献上いたします。」と申し上げた。天皇は，湯河板挙に勅して，「お前があの鳥を献上すれば，必ず厚く恩賞を与えよう。」と仰せられた。湯河板挙は，遠く白鳥の飛んで行った方向を見定め，追い求めて出雲にまで達し，ついに捕獲することができた。一説では但馬の国で捕らえたという。

十一月二日に，湯河板挙が白鳥を献上した。誉津別命は，この白鳥を相手に遊び，ついに話すことができるようになられた。これによって，湯河板挙に厚く恩賞を下され，姓を与えられて鳥取部・鳥養部・誉津部を定められた。（宮澤 146 頁）

「鳴鵠」とはハクチョウ類の古名である。新井白石は「くぐひ」の語源について「クク」は鳴き声，「ヒ」は鳥を呼ぶとしている（『東雅』）。ハクチョウ類は確かに「鵠（コウ），鵠（コウ）」と鳴く。日本には冬季，シベリア方面からオオハクチョウ（**図 12-1**）とコハ

図 12-1　オオハクチョウ（全長 140-165cm）

図 12-2　コハクチョウ（全長 115-150cm）

クチョウ（**図 12-2，3**）がやってくる。ともに全身白色だが，相違点は，オオハクチョウの方がやや大きく，くちばしの基部の黄色部分が広いことである。

種名判定が，これでめでたく一件落着かというと，話が複雑になるのはここからだ。実は奈良時代に「くぐひ」と呼ばれた鳥がほかにもあるのだ。「たづ」が「ツル」の他に「くぐひ」として，「しらとり」が「サギ」の他「くぐひ」として，「おほとり」が「カウノト

図 12-3 新潟県はオオハクチョウで有名だがコハクチョウも飛来する。白山を背景に飛翔するコハクチョウ（新潟県五泉市阿弥陀瀬　写真／アフロ）

図 12-4　コウノトリを放鳥される秋篠宮殿下ご夫妻（兵庫県立コウノトリの郷公園提供）

リ」「ツル」の他に，これまた「くぐひ」として用いられているのだ。

豊岡市に，絶滅したコウノトリの野生復帰を目指す，「兵庫県立コウノトリの郷公園」がある。日本では 1971 年に絶滅してしまったこの鳥を飼育舎で繁殖させ，生まれた子供を野外に放鳥し，繁殖させて，野外個体群を復活させる壮大なプロジェクトだ。山岸はその園長を 10 年ほど勤めさせていただいた。2005 年に 7 羽が初めて放鳥されてから，16年が経過したが，2021 年現在で全国に 200 羽をはるかに超えるコウノトリが大空を舞っている（**図 12-5**）。

2005 年 9 月のこの放鳥式には，秋篠宮殿下ご夫妻が参加され（**図 12-4**），その折のお気持ちを翌春の宮中歌会始の儀で次のように詠われた（お題は「笑み」）。

図 12-5 大空を翔るコウノトリ（翼を広げると2mにもなる）（兵庫県立コウノトリの郷公園提供）

「人々が笑みを湛へて見送りしこふのとり今空に羽ばたく」

（秋篠宮殿下）

「飛びたちて大空にまふこふのとり仰ぎてをれば笑み栄えくる」

（紀子妃殿下）

ハクチョウを鳥取県まで追って行って捕獲した湯河板挙の功績をたたえて鳥取造（ととりのみやつこ）という姓が与えられ，鳥を捕獲・飼育する役所「鳥取部」や「鳥養部」まで新設されたことは先述した。先にトキの章で紹介した高円宮妃殿下の旧姓は，「鳥取」で，ご先祖はこの「鳥取造」関係の流れであったと，お聞きしたことがある。

ところで，白鳥は『日本書紀』では，上記の垂仁天皇紀も含め6説話に登場し，書紀中で登場回数が一番多い鳥である。残りの5説話の中でよく知られているのは，第12代・景行天皇（巻7）の子供で「白鳥皇子」と呼ばれた日本武尊の説話であろう。父に命じられ，熊襲平定後，更に蝦夷討伐に向かう途上病に倒れ，伊勢国の能褒野陵に埋葬された。嘆き悲しむ景行天皇の姿が描かれた後に次の記述が見られる。

時日本武尊化白鳥。從陵出之。指倭國而飛之。群臣等因以開其棺櫬而視之。明衣空留而屍骨無之。於是。遣使者追尋白鳥。則停於倭琴彈原。仍於其處造陵焉。白鳥更飛至河內。留舊市邑。亦其處作陵。故時人號是三陵曰白鳥陵。然遂高翔上天。徒葬衣冠。因欲錄功名。卽定武部也。

（訳）その時，日本武尊（やまとたけるのみこと）は白鳥と化し陵から出て倭国（やまとのくに）をめざして飛び立たれた。群臣たちが棺を開いてみると，清らかな布の衣服のみがむなしく残り，遺体はなかった。そこで使者を遣わして，白鳥を追い求めさせた。すると，倭（やまと）の琴弾原（ことひきはら）（奈良県五所市富田）に留まった。それで，そこに陵を造った。白鳥はなおそこから飛び立ち，河内に至り，古市邑（ふるいちのむら）（大阪府羽曳野市軽里）に留まった。またそこに陵を造った。そこで時の人はこの三つの陵を白鳥陵といった。（白鳥は）その後，ついに高く飛び上がり，天上に達した。ただ，衣服と冠を葬りまつった。そこで永くその功名を伝えようとして，武部（たけるべ）を定めた。

（宮澤 178 頁）

これに続き，日本武尊を父王とする第14代仲哀天皇の，即位元年11月1日の天皇の言葉にまた白鳥が出てくる。

元年春正月庚寅朔庚子。太子卽天皇位。○秋九月丙戌朔。尊母皇后曰皇太后。○冬十一月乙酉朔。詔群臣曰。朕未逮于弱冠。而父王既崩之。乃神靈化白鳥而上天。仰望之情。一日勿息。是以冀獲白鳥。養之於陵域之池。因以覩其鳥欲慰顧情。則令諸國。俾貢白鳥。

(訳)「私がまだ二十歳になる前に，父王日本武尊はすでに崩御された。そして，霊魂は白鳥と化して天上に昇られた。父王をお慕いする心は一日も止むことがなかった。どうにかして，白鳥を捕らえ，御陵の池で飼いたいものだ。そうして，その鳥を見ながらお慕いする心を慰めようと思う。」と仰せられた。そこで，諸国に命じて白鳥を献上せしめられた。（宮澤 184 頁）

これを受けて 11 月 4 日に以下の記述がある。

閏十一月乙卯朔戊午。越國貢白鳥四隻。於是。送鳥使人宿菟道河邊。時蘆髮蒲見別王視其白鳥而問之曰。何處將去白鳥也。越人答曰。天皇戀父王而將養狎。故貢之。則蒲見別王謂越人曰。雖白鳥而燒之則爲黑鳥。仍强之奪白鳥而將去。爰越人參赴之請焉。天皇於是惡蒲見別王无禮於先王。乃遣兵卒而誅矣。蒲見別王。則天皇之異母弟也。時人曰。父是天也。兄亦君也。其慢天違君。何得免誅耶。

(訳) 閏十一月四日に，越国が白鳥を献上した。その使者が菟道河（宇治川）のほとりに宿った。時に蘆髮蒲見別王が，白鳥を見て，「どこへ持っていくのか。」と言われ，越の人は「天皇が父王を恋い慕い，白鳥を飼いならそうとしておられます。そこで献上するのです。」と申し上げた。すると蒲見別王は,「白鳥とはいっても,焼いてしまえば黒鳥になってしまうのに。」と言われた。そして強引に白鳥を奪い去ってしまった。越の人は,朝廷に参上して事の始終を申し上げた。天皇は蒲見別王が先王に対して非礼であることを憎まれ,すぐに兵卒を遣わして,殺してしまわれた。蒲見別王は,天皇の異母弟である。時の人は「父は天であり,兄もまた君である。天を侮り,君に背いたなら,どうして誅殺を免れることができようか。」と言った。

（宮澤 184 頁）

ここで興味深いのは,白鳥が「越の国」から献上されて来たことである。越国は新潟県を中心にした北陸地方のことで,新潟県福島潟などはわが国有数のオオハクチョウの渡来地だから,この献上品はオオハクチョウであろうと類推される。ちなみにコハクチョウは東北地方に多い。白鳥についての,残る説話は第 21 代・雄略天皇紀（巻 14）に「献上品の鵞鳥を犬に噛み殺され,その代わりに白鳥 10 羽を献上した」ことが書かれている（166 頁）。

閑話鳥題 12

豊岡市の「久々比神社」

コウノトリ野生復帰のメッカともいえる豊岡市に「久々比（くくひ）神社」という神社がある。この神社は当然のように「くぐひ・コウノトリ説」を主張して，下の写真のようなコウノトリのお守りを販売している。久々比神社が，**くぐひ**を**コウノトリ**であると主張する論拠には，神社名そのものと書紀の**「或日。得干但馬國」**（一説では，但馬の国で捕らえた）（90頁）という記述があげられている。誉津別王が見上げた鳥がツルやサギであると主張する者は，さすが今のところ出ていないが，「ハクチョウかコウノトリか」については，「くぐひ」の語源が新井白石の言うように鳴き声から来ているとすると（原文では「くぐひ」に「鳴鵠」という漢字がわざわざ充てられている），コウノトリは嘴を打ち鳴らすクラッタリングはするが，鳴くことができないので，久々比神社の強い期待にもかかわらず勝ち目は少ないようだ。競馬に例えれば，ハクチョウが「本命」，コウノトリが「穴」のような気がする。

13章

覚賀鳥（ミサゴ）——料理の祖神・磐鹿六雁命（いわかむつかりのみこと）の故事

ミサゴ（**図 13-1**）は世界中の海浜に住み，魚を専食する珍しい猛禽である。外見はタカ科の鳥のように見えるがミサゴ科として区分された分類群である。ミサゴがタカ科と区別される特徴として，足の外側にある魚を捕らえるための棘や，反転する第1趾を持ち，魚を掴みやすくなっている点（**図 13-2**），また防水のため鼻孔に弁があり，羽毛が密生して油で耐水されていることなどがあげられる。それらのすべては水中で魚を捕食する習性を反映している。こうした特徴を持つ鳥はそれほど多くない。

ミサゴは奈良時代から「みさご」の名で知られており，その語源については，貝原益軒は「水さぐる」なりとしている（『日本釈名』）。新井白石は「水沙（みさ）の際」にある，をもって名づくとしている（『東雅』）。いずれも，水面や水際で魚を捕る習性から来ている。

第12代・景行天皇紀（巻7）53年8月の話である。

図 13-1　ミサゴ（全長 オス 54cm，メス 64cm）

是月。乘輿幸伊勢。轉入東海。○冬十月。至上總國。從海路渡淡水門。是時聞覺賀鳥之聲。欲見其鳥形。尋而出海中。仍得白蛤。於是。膳臣遠祖。名磐鹿六鴈。以蒲爲手繦。白蛤爲膾而進之。故美六鴈臣之功。而賜膳大伴部。

（訳）この月に天皇は伊勢に行幸され，転じて東海にお入りになった。十月に上総国（かみふさのくに）（千葉県）に至り，海路から淡水門（あわのみなと）をお渡りになった。この時，覚賀鳥（かくがのとり）（みさご）の鳴き声が聞こえた。その鳥をご覧になろうと思われ，尋ね求めて海中に出られた。そして，白蛤（うむぎ）（はまぐり）を得られた。この時，膳臣（かしわでのおみ）の遠祖で名を磐鹿六鴈（いわかむつかり）という者が，蒲（がま）をたすきにし，白蛤（うむぎ）を膾（なます）にして献上した。それで六鴈臣の功績を賞して，膳大友部（かしわでのおおともべ）を与えられた。（宮澤 180 頁）

景行天皇が皇子日本武尊の東国平定の事績を偲び，安房の浮島の宮に行幸した折の話である。ミサゴの鳴き声が聞こえて海に入った

図 13-2　第1趾が反転する。これも魚を掴むためであろう（Photo by John Haedo，License：CC BY SA 2.0）

という記述に，この鳥が海辺の鳥であることがよくわかる。鳴き声だが，これが猛禽らしくなく，「チュン・チュン」と小鳥のような優しい声で鳴く。

そこで，天皇はハマグリをとったのであるが，ミサゴが貝類も食べることが図鑑には出ている。そのハマグリを膾（なます）料理にして献上したのが，磐鹿六雁（いわかむつかり）という男だが，料理の腕前がたいそう良かったので，膳大友部（かしわでのおおともべ）という役職を与えられた。さしずめ，現代なら「料理長」というところだろうか。

それもあってか，料理の祖神・磐鹿六雁命（いわかむつかりのみこと）を御祭神とする高家神社が千葉県南房総市千倉町南朝夷の山腹にあり（**図 13-3**），料理関係者からの崇敬が非常に篤い。さらに，近所のラーメン屋のメニューには「蛤（はまぐり）ラーメン」まであるという。

日本では，ミサゴは海食崖上の松の大木などに営巣することが多い。21 世紀が始まった頃，アラブ首長国連邦のアブダビ首長国を訪れたことがある。アブダビ市の西方約 100km，ペルシャ湾上にムバラス島という人工島がある。島というよりは，汲み上げた石油を運ぶ船が通れるように浅海を浚渫（しゅんちょう）した際に掘り出された砂でできた長さ 20km ほどの滑走路のような場所だ。日本のアブダビ石油が管

図 13-3　料理の神様を祭る高家神社

理している。この道路沿いにおよそ 10 つがいのミサゴが繁殖していた。

驚いたことには，ここではほとんどのミサゴが，トラックが激しく往来する道路脇の地上に営巣していた（**図 13-4**　2 つがいだけが照明塔上と石油掘削用の櫓上に営巣）。海上の人工島で天敵となる動物が全くいないためであろうが，ともかく珍しい風景であった。餌は盛んに大きなボラを運んでいた。アブダビ石油では石油掘削の安全とミサゴを交通事故から守るために，人工的な巣台を 18 台設置して保護を図っていた（平島ほか 2008）。

ところで，わが国では近年河川やダム周辺など，内陸部でのミサゴの繁殖が増えている。**図 13-5** は国土交通省が管理する河川やダ

図 13-4　地上で繁殖するミサゴ。このつがいは翌年人工巣台を利用した。（平島ほか 2008）

ムで，年を追ってミサゴが多く見られるようになったことを示したものだ。**図 13-6** は徳島県の吉野川河口及びその上流部での 4 つがい (A, B, C, D) のミサゴの行動を示したものだ。巣はすべて，山間のアカマツ上に造られ，そこから吉野川へ出てくる。採食場は重なっている。ここのミサゴたちが巣に運んだ餌のリストが**表 13-1** に示されている。すべては魚類であり，ボラが多いのは河口部に近いので上ってくるからだろう。また，オオクチバスが見られるのも特徴だ。

ミサゴが近年ダム湖を中心に内陸部で増えているのは，ブラックバスやオオクチバスなどの外来種の増加と関係していそうである。

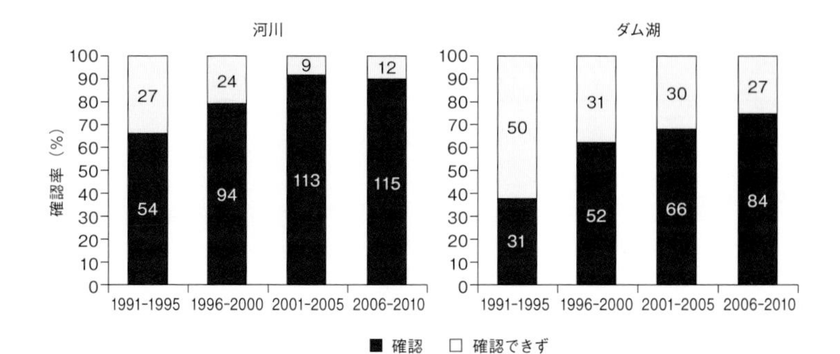

図 13-5　近年，ミサゴは河川やダム周辺に進出している（Sakakibara *et al*. 2020）。

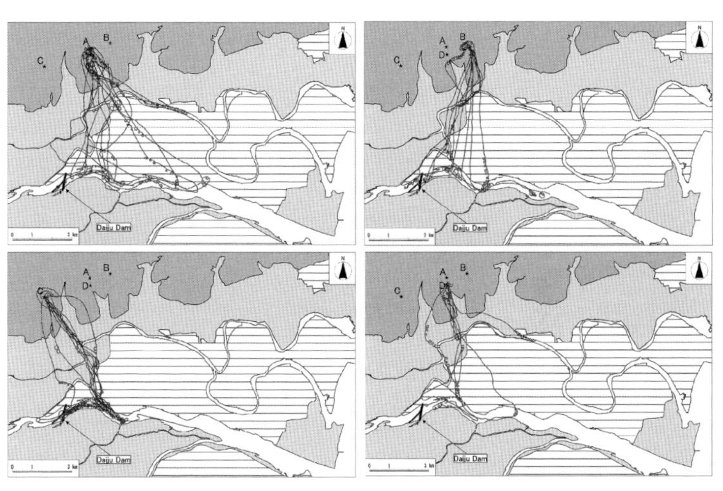

図 13-6　吉野川下流部にすむつがい4組（A～D）のミサゴの行動圏（江崎・田梧 2020）。

表 13-1 ミサゴが捕獲した魚種とその体長分布（mm）（江崎・田梧 2020）

魚種	餌の体長（cm）												
	0-4	5-9	10-14	15-16	20-24	25-29	30-34	35-39	40-44	45-49	50以上	不明	合計
ボラ *Mugil cephalus*					8	4	11	2				1	26
クロダイ *Acanthopagrus schlegelii*						1							1
アユ *Plecoglossus altivelis*					1								1
コイ *Cyprinus corpio*			1			1							2
オイカワ *Zacco platypus*					1								1
オオクチバス *Microplerus salmoides*					2				1				3
フナ類 *Carassius* sp.					2	1							3
コイ科 Cyprinidae gen sp.							1						1
属不明		1	30	76	253	91	113	7	13		1	178	763
合計		1	31	76	267	98	125	9	14		1	179	801

そこで，岩手県盛岡市周辺で，河川の近傍とダム湖の近傍，及び沿岸部で繁殖するミサゴの巣にビデオカメラをとりつけ，運び込まれる餌を解明した。その結果，ダム湖の巣には，河川の巣に比べて，大型のブラックバスが多く運び込まれることが判明した（**図 13-7**）。ダム湖の水域から育雛（いくすう）中に持ち出される魚の量（350kg）は，海域から持ち出される魚（100-200kg）の2倍近い値と推定された（Sakakibara *et al*. 2020）。

要は，近年の外来魚の河川や湖，ダムでの増加といった生態系の変化がミサゴの生活にも影響して内陸部への侵入につながっているらしい。

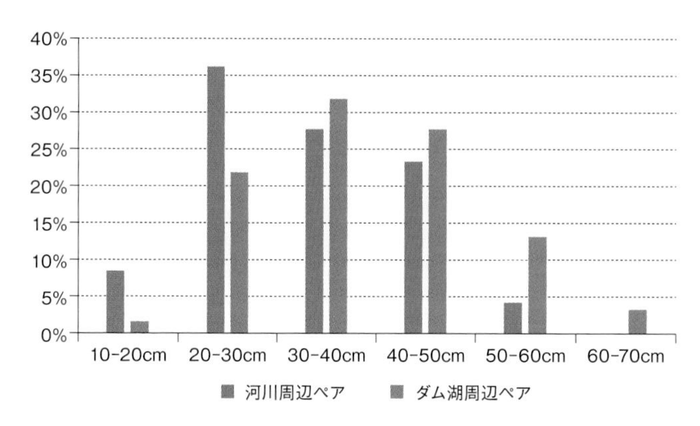

図 13-7 岩手県盛岡市周辺のダム湖，及び河川周辺地域に生息するミサゴの育雛調査から。ダム湖周辺の巣の方が，河川周辺の巣よりも大型のブラックバスを巣に運ぶ（Sakakibara *et al*. 2020 改変）

閑話鳥題 13

鶚鮨（みさごずし）

江戸時代後期に肥前の国，平戸藩第 9 代藩主の松浦清が書いた随筆集『甲子夜話（かっしやわ）』にはこうある。「この鳥海巌數仭の壁立したる所の穴中に巣かふ，かの鳥その捕らへたる魚を積みおきて餌とす，この魚自然の酢気ありて味好し，人これをミサゴ酢（鶚鮨（みさごずし））と称す，これを取には梯子など設置き，かの鳥の居ざる時を窺ひ，俄かにかしこに往き，かの積魚を下より取りて上を残す，然るときは鳥帰り来ても知らず，若しこれを上積より取ときは，鳥知て後再び来らず，巣をも他に移すと云う。」海の潮風で塩気がついて，発酵するのだろうが，これはもう「寿司」の元祖である。その上，人が掠め取る方法まで書いてある。そのせいか全国には「みさご寿司」という名前の寿司屋がたくさんあるそうだ。

「食べログ」アプリで「みさご」「寿司」で検索すると，北は盛岡から南は高松まで，10件以上のお店がヒットする。今風の検索システムに登録していない寿司屋もあるだろうから，実際にはもっと増えるだろう。写真は高松市のお店。

14章

鳰鳥（カイツブリ）――潜りのスペシャリスト

神功皇后（じんぐうこうごう）（巻9）は，敵対する忍熊王（おしくまのみこ）の軍を各地で破り，ついに栗林（くるす）（滋賀県大津市膳所栗栖）まで追い込んだ。この時皇后軍で活躍したのが武内宿禰（たけうちのすくね）である。逃げ場を失った忍熊王は，五十狭茅宿禰（いさちのすくね）を呼び歌を詠んだ。

伊裝阿藝。伊佐智須區禰。多摩枳波屢。于知能阿曾餓。勾夫菟智能。伊多氐於破孺破。珥倍廼利能。介豆岐齊奈。

（読み）いざ吾君　五十狭茅宿禰（いさちのすくね）　たまきはる　内（うち）の朝臣（あそ）が　頭槌（くぶつち）の　痛手負わずは　鳰鳥（におどり）の　潜（かずき）せな　（宮澤205頁）

（訳）さあ，我が君，五十狭茅宿禰よ。{たまきはる} 武内宿禰の頭槌（くぶつち）で痛手を受けるよりは，鳰鳥（カイツブリ）のように水に潜って死んでしまおう。

図 14-1　カイツブリ（全長 25-29cm）

則共沈瀬田濟而死之。

こうして共に，瀬田川の渡し場から投身して死んだ。（宮澤 205 頁）

「にほ」は「カイツブリ」の古名である。この説話の舞台が，滋賀県の琵琶湖であることは重要だ。琵琶湖にはカイツブリ（**図 14-1**）が多く，滋賀県の県鳥に指定されているほどだからだ。

カイツブリは河川，湖沼などに生息し，まれに海上で見られることもある。主に水上で生活して，ほとんど歩くことはない。足は歩くためではなく櫂の役割のためにあるとみられ，足が生えている位置もほかの水鳥とは違い尻付近から出ている。

魚類，昆虫，甲殻類，貝類などを主に食べる。何といってもこの鳥の特徴は巧みに潜水してこれらの獲物を捕食することである。1 回平均 15 秒前後（状態により 30 秒も）潜水する。水面にいる時間と潜水している時間を1サイクルとすると，その時間は約30秒だという。これを平均 30 分継続するというから 60 サイクルを繰り返して休息に入る（井口 2021）。この鳥はカモの仲間ではないが，採食型は次のカモの章で述べる潜水型採食型（**図 15-2** の **6・7**）に該当する

（114 頁）。

水辺近くの水生植物や杭などに水生植物の葉や茎を組み合わせた浮き巣を作る。水面に浮いていると増水しても冠水することはない。これを「におの浮巣」と呼ぶ。親鳥が巣を離れる際には卵を巣材で隠す。このため産んだ直後は白色だった卵は，日が経つに従って，汚れて褐色になってくる。

閑話鳥題 14

カイツブリの親子

カイツブリの浮巣は大水が出た時に流されないように，水草や小枝に係留される。そのため，池や湖の岸部寄りに造られる。だか

幼鳥を背中の羽の中に入れて運ぶカイツブリ（写真:浅尾省五／アフロ）

ら，時にヘビが泳いで巣立ち雛を食べに来ることもあるし，空から捕食者に狙われることもある。昨今では，獰猛(どうもう)な外来種オオクチバス（ブラックバス）が水中から雛を食べることさえある。

それに対応するためか，カイツブリは巣立った子供たちを背中の羽の中に入れて運ぶ。こうすることによって，空・陸・水の外敵から雛を護るのである。最近，何人もの保育園児たちを，やや大きなカートに乗せて運んでいる保母さんを町でよく見かける。そんな時，カイツブリの親子を思い出すのである。

本文にも書いたように，カイツブリは昔から琵琶湖に多い。そこで，琵琶湖のことを古来「鳰海(におのうみ)」という。大相撲の山響(やまひびき)部屋に「鳰(にお)の湖(うみ)」という力士がいる。当然，滋賀県大津市の出身である。彼の得意技は相手の下に潜り込むことか？

15章

鴨（かも）——古代から天皇はかも猟がお好き

わが国で見られるカモ目の鳥類は55種いる（日本鳥学会 2012）。水際近くで餌を食う代表的な種（**図15-2** の種1～4）について，「陸上」「水際」「水面」に分けて，観察例数（N）の何%を，どこで採食していたかを調べたのが**図15-1** である。彼らが微妙に採食場所を分離させていることがわかる。

カモの仲間の鳥たちは，このように陸上から，水際，水中を，自分の体の大きさや，形態を巧みに使って競争を避けながら共存している。次章で登場するオシドリもカモの仲間であるが，この鳥は，森林の林床でドングリなどの堅果を食物として，樹洞で繁殖し，水面にいるのは主に浮かんで休息する時なので，ここでは外してある。

東北地方の8ダムで，2000年12月にカモ類の調査をしたことがある。出現した，マガモ・カルガモ・コガモ・ホシハジロの個体数密度と水深5m以内の浅水域面積の相関を見たのが**図15-5** である。ホシハジロ（**図15-3**）だけが，ダムの浅い領域の面積と統計的に有

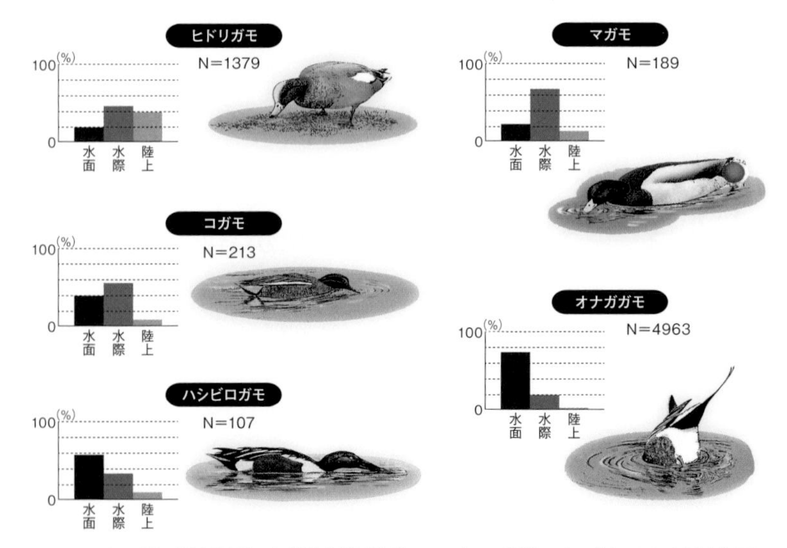

図 15-1　カモ類の採食場所の生態的分離（山岸 1996b）。5種類のカモ類のおもな採食場所。Nは観察採食回数を示し，その内の何パーセントずつを，水面，水際，陸上の各部分で採食したかを棒グラフで示してある。身体のつくりや嘴の形態によって，それぞれ好みの場所があることがわかる。

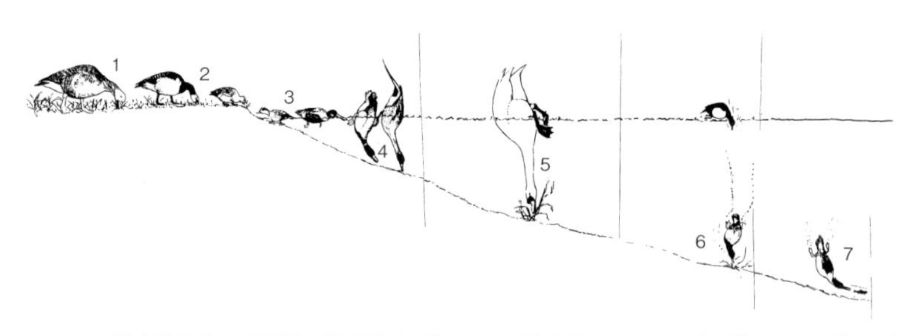

図 15-2　代表的なカモ目鳥類の採食型（1 ガン，2 ヒドリガモ，3 ハシビロガモ，4 マガモ・オナガガモ，5 オオハクチョウ，6 ホシハジロ・スズガモ，7 カワアイサ）。1・2 陸上採食型，3 水面採食型，4・5 倒立採食型，6・7 潜水型（作図は山岸）

図 15-3　ホシハジロ（全長 45cm）

意の正の相関を持ち，他のカモ類にはそうした傾向はなかった（森ほか 2007）。

これはホシハジロが，**図 15-2** に示した水中植物や貝類などを潜って採食するタイプ 6 の採食型を持つからである。マガモ・コガモ・カルガモは水面に浮いて日中は休眠・休息しており，夜間に付近の水田や湿地に採食に出かける。東北のダムにホシハジロが多いのは，こうした河成段丘のある場所にダムが造成され，水底に浅場が多いからであろう。特に興味があったのは，それらのダムの一つが工事のため，水位を下げた際には，そうした浅場は露出してしまい（**図 15-4**），ホシハジロが全く見られなくなったことである。そうした年にも，マガモ・コガモ・カルガモは下がった水面で休息していた。翌年の冬に水位がまた上昇すると，ホシハジロは戻ってきたのである。水深 5m 以内というのは，カモたちの潜水能力の限界を示すものでもあろうが，第 1 次生産者である水中植物が光合成できる限界なのかもしれない。

さて，第 15 代・応神天皇紀（巻 10）にカモに関する次の記述がある。

図 15-4 浅水域が露出したダム
（撮影：山岸哲）

秋九月辛巳朔丙戌。天皇狩于淡路嶋。是嶋者横海在難波之西。峯巖紛錯。陵谷相續。芳草薈蔚。長瀾潺湲。亦麋鹿・鳧・鴈多在其嶋。故乘輿屢遊之。天皇便自淡路轉以幸吉備。遊于小豆嶋。

（訳）九月六日に，天皇は淡路島で狩猟をされた。この島は海に横たわり，難波の西方にある。嶺と巌が錯綜し，山稜や谷が続いている，芳しい草が繁茂し，高い波が音を立てて流れている。また，たくさんの大鹿・鴨・雁がいる。それで天皇は，たびたびお出ましになった。天皇はさらに淡路から吉備に行幸され，小豆島で狩猟をされた。

（宮澤 226 頁）

「鳧」は「チドリ科のケリ」だが，そのほか「カモ」も指す。ケリはあまり狩猟対象にはならないので，ここでは「鴨」と訳すのが当を得ているだろう。狩猟の場所は淡路島や小豆島であるが，「嶺と巌が錯綜し，山稜や谷が続いていて，芳しい草が繁茂している」というのだから海岸ではないだろう。したがって，海ガモではなく，

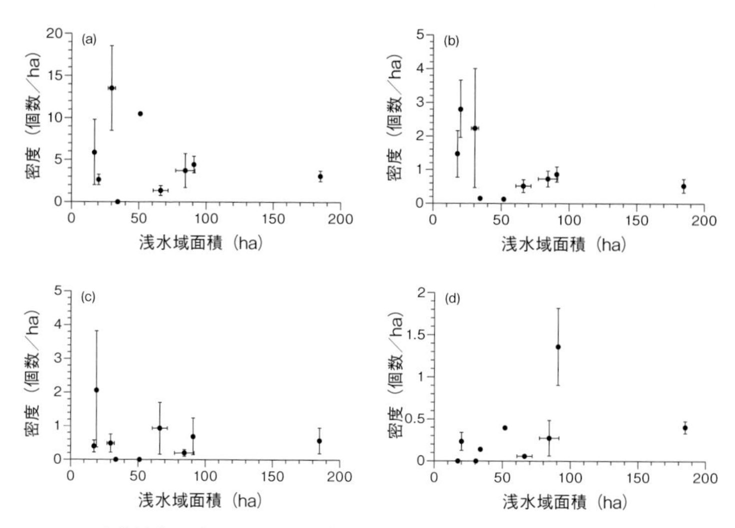

図 15-5　東北地方 8 ダムにおけるマガモ（a）・カルガモ（b）・コガモ（c）・ホシハジロ（d）。5m 以内の浅水域面積と個体数密度の相関関係（森ほか 2007）

陸ガモだろうと思われる。そうなると，一番候補になりそうなのは，冬渡ってくるマガモ（**図 15-7**）か，1 年中留鳥として生息するカルガモ（**図 15-8**）だろう。山地の渓谷沿いとなるとオシドリも考えられるが，オシドリなら，きちんと「オシドリ」と書くであろうし，この鳥を捕るとは，にわかには考えられない（214 頁）。

この記述から，天皇が鴨猟を好んだことがわかる。猟法は鴨網が多く使われ，「山や谷が続いている」と書かれているので，谷切網（やつきり）が使われたのではなかろうか。これは，夕方山間の湖沼から平野部へ峰越しに採餌に飛ぶカモの通路で，網を急に引き上げ捕獲する猟法である。

鴨猟といえば，「鴨場」が知られる。訓練されたアヒルに先導させて，狭い水路にカモたちを誘導し，網ですくいあげる猟法だ。徳

図 15-6　1930 年代，越谷鴨場に集まったカモたち（写真：下村兼史，山階鳥類研究所提供）

川将軍や有力大名が行っていた猟場で，「越谷鴨場（埼玉県越谷市）（**図 15-6**）」，「新浜鴨場（千葉県市川市）」，「浜離宮鴨場（東京都港区）」がよく知られる。特に新浜鴨場は今上天皇が皇后雅子様に求婚した場所と言われる。「浜離宮」は明治時代以降は宮内庁が管理していたが，現在は東京都が管理している。昨今では狩猟を目的にカモが捕獲されるわけではなく，皇室関連の行事，賓客の接待，鳥類標識調査などに使われている。

さて，常陸宮殿下（**図 15-9**）も兄君の上皇陛下と同じく動物学者で，日本鳥類保護連盟の総裁をされているが，「鴨場におけるカモ類の捕獲数の変化」という論文を，『山階鳥類研究所研究報告』（1974）に発表している。

上記 3 か所の鴨場における，1929 年から 1974 年まで 45 年間（浜離宮だけは 16 年間）の捕獲されたカモ類の種別の捕獲数について宮

図 15-7　マガモ（全長 50-65cm）

図 15-8　カルガモ（全長 58-63cm）

図 15-9　公益財団法人日本鳥類保護連盟総裁　常陸宮殿下（写真：宮内庁）

内庁の資料をまとめた貴重な研究である。これによると，マガモ，コガモ，オナガガモ，ヒドリガモ，ハシビロガモ，カルガモ，その他のカモ類が捕らえられ，年間の最大捕獲数は，越谷が 6140 羽，新浜が 4344 羽，浜離宮が 5879 羽となっている（常陸宮・吉井 1974）。

鴨場だけでも，これだけ大量のカモ類が猟の対象になってきたのであり，今日に至るまでも日本人の格好の狩猟対象になってきた。そのためか，カモ類は人間の狩猟圧にとても敏感である。

表 15-1 には 1991 年の猟期終了直後に木曽三川の河口より約 30km 上流までの 1km ずつの区間で観察されたカモ類の種類と個体数を示してある。この時期，木曽三川の下流域では 13 種のカモ類が合計

表 15-1　木曽三川のカモ類の分布。カモは銃猟のできない区域（網掛け）に集中している。（山岸 1991）

長良川（'91　2／20）

距離 (km)	-0	0-	1-	2-	3-	4-	5-	6-	7-	8-	9-	10-	11-	12-	13-	14-	15-	16-	17-	18-	19-	20-	21-	22-	23-	24-	25-	26-	27-	Total
猟区保護区	k	k	k	k	k	k	k	k	k	k	k	k	k+j	k+j	k+j	j	j	j	j	j	j	j	j	j	n	n	n	n	n	
マガモ															12	39	452	42	159	12		5	19	93						833
カルガモ															23		3	52	156	169		439	431	2						1275
コガモ														5	17	20	239		14	50		1365	1274	354						3338
ヨシガモ																				12		89	3							104
オカヨシガモ																							23	124						147
ヒドリガモ														76	44								174	11						305
オナガガモ																														
ハシビロガモ																				385				1						386
ホシハジロ														2	5					448		60								515
キンクロハジロ					2															47		5	225	3						282
スズガモ																														
ミコアイサ																														
カワアイサ																	2	2	6	4		1	2	1						18
合計					2									83	101	59	696	96	335	1127		1964	2151	589						7203

木曽川（'91　2／21）

距離 (km)	-0	0-	1-	2-	3-	4-	5-	6-	7-	8-	9-	10-	11-	12-	13-	14-	15-	16-	17-	18-	19-	20-	21-	22-	23-	24-	25-	Total
猟区保護区	n	k	k	k	k	k	k	k	k+n	k+n	k+j	k+j	j	j	j	j	j	j	j	j	j	j	j	j	n	n	n	
マガモ													10	172	1576	684	685		359	369								3855
カルガモ							27						8	115	61	77	77		2	2								369
コガモ													4	81	96	9	9		9	244								452
ヨシガモ															4	2			103									109
オカヨシガモ													22	2		3	3											30
ヒドリガモ	60													1	9	2			2									74
オナガガモ															96	7	8		255	179		4						549
ハシビロガモ																	1		5									6
ホシハジロ		2			88		37	28						1														156
キンクロハジロ					10		328	109	3			35	22	181	33	199	199	8	19	9	29	8						1192
スズガモ																												
ミコアイサ												1		2	2							3						8
カワアイサ															9	2				1			2					14
合計	60	2	0	0	98	0	392	137	3	0	0	36	66	555	1886	985	982	8	754	804	29	15	2	0	0	0	0	6814

揖斐川（'91　2／21）

距離（km） 猟区保護区	6– k	7– k	8– k	9– k	10– k	11– k	12– k	13– k	14– k	15– k	16– k+n	17– n	18– n	19– n	20– n	21– n	22– n	23– n	24– n	25– n	26– n+c	27– c	28– c	29– c	30– c	31– c	32– c+n	33– n	34– n	35– n	Total
マガモ																						6614	6		2		1				6623
カルガモ						10															8	271	99		37						425
コガモ																						31				261	38				330
ヨシガモ																															
オカヨシガモ																						2	20								22
ヒドリガモ																						88	4								92
オナガガモ																						23									23
ハシビロガモ																															
ホシハジロ																															
キンクロハジロ																															
スズガモ																															
ミコアイサ																															
カワアイサ																									9						9
合計						10															8	7029	129		48	261	39				7524

（河口から 6km までは長良川と同じなので長良川の方にデータはあり。）

K：県立公園，C：鳥獣保護区，j：銃猟禁止区域，n：指定なし

表 15-2　琵琶湖における 11 種の水鳥の逃避距離の比較（Mori *et al*. 2001）

種名	タイプ	群れの大きさ［平均 ± SD (*n*)］			逃避距離 (m)［平均 ± SD］		
		単一群	混群	有意差	単一群	混群	有意差
オカヨシガモ	R	3.1 ± 1.8 (19)	27.2 ± 32.9 (25)	$P < 0.01$	64.5 ± 16.6	107.2 ± 52.9	$P < 0.01$
ヒドリガモ	R	6.6 ± 10.7 (38)	29.6 ± 45.3 (27)	$P < 0.01$	67.7 ± 35.2	82.4 ± 19.6	$P < 0.01$
カルガモ	R	4.6 ± 5.6 (17)	23.9 ± 30.8 (14)	$P < 0.01$	69.3 ± 37.5	91.1 ± 35.6	$P < 0.05$
コガモ	R	5.5 ± 5.4 (15)	25.5 ± 44.0 (12)	$P < 0.05$	76.3 ± 57.6	93.2 ± 36.8	$P < 0.05$
ホシハジロ	F	11.6 ± 19.8 (15)	47.4 ± 55.5 (21)	$P < 0.01$	88.6 ± 34.8	104.9 ± 51.5	n.s.
オシドリ	R	16.5 ± 16.6 (21)	38.0 ± 7.1 (2)	n.s.	96.0 ± 39.3	117.5 ± 9.2	n.s.
マガモ	R	5.6 ± 9.9 (28)	29.5 ± 29.8 (19)	$P < 0.01$	99.3 ± 53.1	106.8 ± 51.5	n.s.
ヨシガモ	F	2.9 ± 2.5 (12)	11.6 ± 10.6 (9)	$P < 0.01$	103.7 ± 51.6	100.4 ± 41.1	n.s.
ハシビロガモ	F	1.3 ± 0.6 (12)	50.1 ± 60.7 (7)	$P < 0.01$	114.2 ± 64.4	107.0 ± 38.0	n.s.
キンクロハジロ	F	5.1 ± 4.0 (15)	54.6 ± 60.8 (14)	$P < 0.01$	148.0 ± 61.9	139.0 ± 73.3	n.s.
コハクチョウ	F	11.1 ± 6.9 (9)	44.5 ± 27.6 (2)	n.s.	160.0 ± 26.9	141.5 ± 82.7	n.s.

R：休息タイプ，F：採食タイプ，有意差：*U* テスト

21,541 羽観察されたが，何とその 95.5% にあたる 20,570 羽が**表 15-1** のグレーに塗った区間に集中出現し，これが丁度「鳥獣保護区」か「銃猟禁止区域」に一致した。この区間へのカモ類の集中は明らかに彼らがハンターの銃猟圧を避けた結果であろうと想像される。彼らはハザードマップを持っているらしい。

こうして集中してきたカモ類が日中河川で何をしているのか見ていると，キンクロハジロ・スズガモ・カワアイサ・ミコアイサなどの潜水ガモ類の一部の個体を除いて，大多数は水面で眠っていたり，ただ浮いているだけである。マガモやカルガモに代表される水面倒立採食型や陸上採食型のカモ類にとっては，実はこの区域は水深がありすぎて思うように採食ができないのだ（**図 15-2**）。そのためここでは，銃猟の発砲が禁止されている日没後に，ほとんどのカモが河川を離れて近隣の水田地帯へ採食に出かける。水田地帯では，水田脇の小川とか沼・畑などでおもに植物質の餌をとる。

さらに面白いのは，この調査の半月程後に堤防沿いに歩いてみる

と，カモたちは日中見事に30km全域の水面に分散していたことだ。彼らは猟期の終了に素早く対応できるのだ。また，水面にいる鴨の警戒心は，その鴨が何のために水域を利用しているのかによって違っているらしい。琵琶湖でモーター・ボートに乗って水鳥類に接近して，何メートルぐらい近づくと飛去するのかを調べたことがある（**表15-2**，Mori *et al.* 2001）。この水域を休息で利用する種（R）と採餌で利用する種（F）では，採餌利用の種のほうが人間の接近に対して，早く逃げるという結果が得られた。つまり，採餌のために水域を利用する種の方が警戒心が強いようである。採餌のためには潜らなくてはならず，すぐには飛び立てないことが関係しているのかもしれない。

このほかにも，神代の記述に以下のように鴨が登場する。すでに，「5．鵜」の章で述べたように（34頁），豊玉姫（とよたまひめ）は，「私が子を産む時，どうかその姿をご覧にならないで下さい。」と言った。しかし彦火火出見尊（ひこほほでみのみこと）は，のぞいて見てしまった。豊玉姫は深く恥じ，恨む気持ちを抱いた。その後，生まれた子に例の長い名前を付けると，海を渡ってさっと姿を消した。彦火火出見尊は，その時次の歌を詠った。

飫企都鄧利。軻茂豆勾志磨爾。和我謂禰志。伊茂播和素邏珥。譽能據鄧馭鄧母。

（読み）{沖（おき）つ鳥}　鴨著（かもつ）く島に　我が率寝（いね）し　妹（いも）は忘れじ　世の尽（ことごと）も

（宮澤83頁）

（訳）沖にいる鴨の寄り付く島で，私が一緒に寝た妻のことは，世の限り忘れることができないだろう。　（宮澤83頁）

これは約束を破った彦火火出見尊の反省の歌だろうが，この場合は「沖にいる鴨の寄り付く島」と書かれているので，マガモやカルガモではなく，海ガモだろうと推量されるが，その種類を特定することは難しい。

閑話鳥題 15

鴨にする

本文でも書いたように，日没と同時に水田や湿地に餌を取りに飛び立ち，夜が明けると，また同じ休憩場所へ戻ってくるという鴨の習性を熟知すれば，容易に彼らを捕らえることができることから，「組みしやすい相手，儲けやすい相手，立場の弱い相手を，自分の都合のいいように利用すること」の意味になったという。

「鴨にした」カモは，大変味が良かったので，たいていは「鴨鍋」にしたようだ。鴨肉は少々癖のある味だったので，甘みのある冬ねぎと合わせると，これがまた相性のいい味になったため，「鴨が葱を背負って来る」とか「鴨葱」といって，「相手を鴨にして，ただでもいい話なのに，さらに好条件がつくような場合に」これが使われる。

ただし，この諺にあるほど，鴨は馬鹿ではないと私は思っている。その理由は，先の銃猟圧に対する見事な対応を見ると理解できるだろう。

16章

木菟——木菟宿禰は本当は鷦鷯宿禰

第16代・仁徳天皇紀（巻11）に，以下のようなミミズクの記載がある。

初天皇生日。木菟入于産殿。明旦譽田天皇喚大臣武内宿禰。語之曰。是何瑞也。大臣對言。吉祥也。復當昨日臣妻産時。鷦鷯入于産屋。是亦異焉。爰天皇曰。今朕之子與大臣之子同日共産。並有瑞。是天之表焉。以爲取其鳥名。各相易名子。爲後葉之契也。則取鷦鷯名。以名太子。曰大鷦鷯皇子。取木菟名號大臣之子。曰木菟宿禰。是平群臣之始祖也。

（訳）以前天皇がお生まれになった日に，木菟（みみずく）が産殿に飛び込んできた。翌朝応神天皇は，武内宿禰を召して，「これは何の瑞兆であるか。」と仰せられた。大臣は「吉祥でございます。また，昨日，

図16-1　オオコノハズク（全長24-25cm）　**図16-2**　アオバズク（全長29cm）

私の妻が出産する時にあたり，鷦鷯（みそさざい）が産屋に飛び入りました。これまた，不思議なことでございます。」と申し上げた。続けて天皇は，「今，私の子と大臣の子と同じ日に生まれ，しかも共に瑞兆があった。これは天上界の表徴である。思うに，その鳥の名を取り，それぞれ交換して子に名付け，後世への契りとしよう。」と仰せられた。そこで，鷦鷯の名を取って太子に与えられ，大鷦鷯皇子と申し上げた。木菟の名を取って大臣の子に名付けて木菟宿禰とした。これが平群臣の始祖である。（宮澤 236 頁）

「つく（**木菟**）」は，「みみづく」の古名であり，奈良時代から「つく」の名で知られている。フクロウの仲間で「ツク」または「ズク」のつく鳥は日本にはオオコノハズク，コノハズク，リュウキュウコノハズク，ワシミミズク，アオバズク，トラフズク，コミミズクの7種いる。これらの種はいずれも「耳羽（羽角）」と呼ばれる，頭の左右にある一対の羽毛の束が耳のように見える。「ズク」とは，日本の古語で「フクロウ」を指す。「耳があるフクロウ」，すなわち**「ミミ（耳）ズク」**である（**図16-1**）。しかしながら，7種のうち「アオバズク」には耳羽がないので（**図16-2**），耳羽のあるなしが，フクロウとミミズクの絶対的な区別点ではない。また，鳥類には，哺乳類のような耳（耳介）はないので本当の耳の機能をしているわけではない。

では，7種のうちで，産屋に飛び込んできたミミズクの種類を以下の除去法で推定してみよう。北海道や沖縄で繁殖するとか，冬に北海道へ越冬に来るとか，深い山奥の森林に住むミミズクを除外してしまうと，奈良地方の人家あたりに生息していて，普通に見られそうなのは，オオコノハズクしかいないようだ。もっとも，オオコノハズクがなぜ瑞兆なのかは，私にはわからない。ともかく応神天皇が，息子の仁徳天皇に大鷦鷯皇子と名づけたことが，後の兄弟殺しの禍の元になるようだ（131頁）。

閑話鳥題 16

コノハズクとブッポウソウ

「ブッ・ポウ・ソウ」（仏・法・僧）とありがたい「三宝之声」で鳴くと信じられた鳥がいて，その鳥に「ブッポウソウ」という和名が与えられた。体の色合いも，それらしく厳かな姿をしていた。

1935年6月7日のことである。NHK名古屋放送局が三河の蓬莱寺山から，この鳥の声を実況放送した。録音機もない時代の「生態放送」と銘打った自然番組の草分けであったが，その放送を聞いた東京都世田谷区のあるお宅で飼われていた「コノハズク」が，ラジオの声に答えるかのように「ブッ・ポウ・ソウ」と控え目に鳴いたのである。

極めつけは，山梨県河口村（当時）の野鳥研究家，中村幸雄さんが，同年6月12日，満月の夜に，杉の大木の梢で「ブッ・ポウ・ソウ」と鳴いている霊鳥を鉄砲で撃ち落とした。落ちてきたのは「ブッポウソウ」ならぬ，「コノハズク」だったのである。

動物に一度つけられた名前をおいそれ変更することは難しい。爾来，「ブッポウソウ」を「姿のブッポウソウ」，「コノハズク」を「声のブッポウソウ」と呼ぶようになったのだ。鳥類図鑑には「ブッポウソウ目，ブッポウソウ科」が存在するが，もちろん「姿のブッポウソウ」のことである。

ちなみに，この本家のブッポウソウは「ギャー・ギャー」とあまりありがたくない鳴き方をする。

コノハズク（全長 18-21cm）

ブッポウソウ（全長 29.5cm）

17章

隼（ハヤブサ）――隼は鷦鷯（ミソサザイ）より手が速い

ハヤブサは鷹の仲間と思われがちだが，ハヤブサ目・ハヤブサ科の鳥である。おもに海岸の崖のくぼみや穴で繁殖し，餌としては鳥類を追いかけて捕獲する。この鳥はサウジアラビア，イギリス，アメリカなどで鷹狩に使われるが，わが国ではオオタカが使われることが多い（第18章）。

仁徳天皇40年の2月に，次のような話が載っている。

卌年春二月。納雌鳥皇女欲爲妃。以隼別皇子爲媒。時隼別皇子密親娶。而久之不復命。於是天皇不知有夫。而親臨雌鳥皇女之殿。時爲皇女織縑女人等歌之曰。

（訳）四十年の二月に，（仁徳天皇は）雌鳥皇女（めとりのひめみこ）を妃としようと思われて，隼別皇子（はやぶさわけのみこ）を仲介とされた。しかし隼別皇子は，ひそかに自分の妻と

図 17-1 ハヤブサ（全長 オス 38-45cm,
メス 36-51cm）

し，長らく復命しなかった。天皇はそのことをご存じなくて，雌鳥皇女の寝室においでになった。その時，皇女の織女等が歌を詠んだ。

比佐箇多能。阿梅箇儺麽多。謎廼利餓。於瑠箇儺麽多。波揶步佐和氣能。瀰於須譬鵝泥。

（読み）ひさかたの　天金機（あめかなばた）　雌鳥（めとり）が　織（お）る金機（かなばた）　隼別（はやぶさわけ）の　御襲料（みおすいがね）

（訳）｛ひさかたの｝天の金織は，雌鳥付きの織女等が織る金機（かなばた）は，隼別皇子がお召しになる外衣の布地を織っているのです。

爰天皇知隼別皇子密婚而恨之。然重皇后之言。亦敦友于之義。而忍之勿罪。俄而隼別皇子枕皇女之膝以臥。乃語之曰。孰捷鶺鴒與隼焉。曰。隼捷也。乃皇子曰。是我所先也。天皇聞是言。更亦起恨。時隼別皇子之舍人等歌曰。

(訳) 天皇は，隼別皇子(はやぶさわけのみこ)が密かに結婚していたことを知って恨まれた。しかし，皇后の言葉を恐れ，また兄弟の義を重んじられ罰せられなかった。しばらくして隼別皇子は，皇女の膝枕でくつろぎ，「鷦鷯(さざき)（仁徳天皇）と隼(はやぶさ)とは，どちらが速いだろうか。」と言った。皇女は「隼の方が速うございます。」と答えた。「まったくその通りで，私の方が先んずるということだ。」と言った。天皇はこの言葉をお聞きになり，以前にも増して恨まれた。その時，隼別皇子(はやぶさわけのみこ)の舎人(とねり)等は歌を詠んだ。

破夜歩佐波。阿梅珥能朋利。等弭箇慨梨。伊菟岐餓宇倍能。娑弉岐等羅佐泥。

(読み) 隼(はやぶさ)は　天(あめ)に上(のぼ)り　飛(と)び翔(かけ)り　いつきが上の　鷦鷯(さざき)取らさね

(訳) 隼は，天に上がって飛びかけり，森の上にいる鷦鷯を取り殺しなさい。

天皇聞是歌。而勃然大怒之曰。朕以私恨不欲失親忍之也。何舋矣私事將及于社稷。則欲殺隼別皇子。

(訳) 天皇はこの歌をお聞きになって，突然激怒なさり，「私は，私恨のために親族を失いたくないので，今まで耐え忍んできた。私にどういう隙があって，私事を国家に及ぼそうとするのか。」と仰せられ，隼別皇子を殺そうとされた。　　　　（以上，宮澤 251 ～ 252 頁）

話はかなり生々しいが，仁徳天皇（大鷦鷯天皇(おおさざきのすめらみこと)）が好きになった女

図 17-2 エースパイロットだった加藤建夫（1938 年）。「隼」を愛称に持つ戦闘機で活躍した。

性が，皇后の異母妹であり，その女性を奪い取ってしまったのが天皇の異母弟であるから，話は穏やかではない。それはさておき，膝枕で，「ハヤブサとミソサザイとは，どちらが速い」と聞く方も聞く方だが，「ハヤブサが速ようございます」と答える方も答える方だ。何しろ，ハヤブサの飛行速度は，獲物を狙って急降下する時には，時速 300km 以上は出ると言われ，新幹線より早いくらいだからだ。

ハヤブサは，ハトやヒヨドリ，シギなど中型の鳥たちに狙いを定めると，一気に獲物の上空まで飛んでいき，反転して急降下し，追いすがって鋭い爪で蹴り落とす。人は，このスピードに憧れ，日中戦争の時代にはそのスピードを戦闘機になぞらえた軍歌（「飛行第 64 戦隊歌」のちに部隊長で陸軍のエースパイロットだった加藤建夫の名を冠して「加藤隼戦闘隊」として歌謡曲となる）までできたほどである（**図 17-2**）。ちなみにその後，日本軍は「隼」という愛称を持った戦闘機（一式戦闘機）まで作ったし，いま世界中で広く使われているアメリカ製の戦闘機（F-16）も愛称は「ファルコン」だ。とてもミソサザイが叶（かな）う相手ではない。

図 17-3　チョウゲンボウの人工巣穴を狙うハヤブサ（撮影：松本宏一）

兄弟で，一人の女性を競い合った話の続きは，隼別皇子と雌鳥皇女の駆け落ちと暗殺で終わっている。『日本書紀』の編纂者は，よくこういうきわどい話を載せたものだ。

さてハヤブサの仲間にチョウゲンボウという鳥がいる。長野県中野市を流れる夜間瀬川の河岸段丘崖（十三崖と呼ばれる）では集団繁殖していて，1953 年に国の天然記念物に指定された。チョウゲンボウそのものはそんなに珍しい鳥ではないが，自然状態の崖地で集団繁殖していることが指定を受けた主な理由である。最盛期には 28 つがいが繁殖していた。ところが最近，河川敷内に樹林が繁茂したり，巣穴が崩れたり，崖面にツタが垂れ下がって来て巣穴を覆ったりして，つがい数が激減している。そこで管理主体の中野市教育委員会では住民の協力を得て，周辺の環境整備をしたり，人工巣穴を提供して，繁殖つがい数の復活をはかってきた。

そこへ，1つがいのハヤブサが現れた。ハヤブサの方がはるかに強く，繁殖中のチョウゲンボウが追い払われる結果となった（**図17-3**）。「天然記念物を護るか」，「絶滅危惧種を護るか」，市は頭を悩ませている。ちなみに，2021年度は繁殖つがい数はゼロになってしまったが，減少の原因は営巣環境の悪化だけではなく，餌となるハタネズミの減少もあるとみられている。

閑話鳥題 17
JAXAの「はやぶさ」「こうのとり」

日本が小惑星探査で一躍注目を浴びたJAXA（宇宙航空研究開発機構）のプロジェクトに「はやぶさ」がある。このプロジェクトでは，小惑星に行って，いろいろなサンプルを取って帰ってくるのが使命で，世界で初めて，小惑星の表面物質を持ち帰ることに成功している。わずか1秒ほどの着地と離陸の間にサンプルを採取する素早さをハヤブサに見立てたらしいから，ここでも「隼」はやはり「早い」というイメージだ。惑星の起源を探る壮大で夢のあるプロジェクトだ。

一方，宇宙開発の際に，大量の資材を運搬する宇宙船の愛称を「こうのとり」という。こちらは，コウノトリが大切な「赤ちゃん」を運んで来るという言い伝えから，宇宙へ大事なものを運ぶ使命になぞらえてつけられた名前であろう。ただし，赤ちゃんを運ぶのはヨーロッパコウノトリであり，日本のコウノトリには，そうした伝説は残念ながらない。

小惑星探査機はやぶさ 2（写真：© 宇宙航空研究開発機構）

資材輸送船こうのとり（写真：© 宇宙航空研究開発機構）

18章

鷹（たか）——鷹狩の起源と鷹匠の埴輪

第16代・仁徳天皇紀（巻11）に以下の記述がみられる。

卌三年秋九月庚子朔。依網屯倉阿弭古捕異鳥。獻於天皇曰。臣每張網捕鳥。未曾得是鳥之類。故奇而獻之。天皇召酒君示鳥曰。是何鳥矣。酒君對言。此鳥之類多在百濟。得馴而能從人。亦捷飛之掠諸鳥。百濟俗號此鳥曰倶知。是今時鷹也。乃授酒君令養馴。未幾時而得馴。酒君則以韋緡著其足。以小鈴著其尾。居腕上獻于天皇。是日幸百舌鳥野而遊獵。時雌雉多起。乃放鷹令捕。忽獲數十雉。◎是月。甫定鷹甘部。故時人號其養鷹之處。曰鷹甘邑也。

（訳）四十三年の九月一日に，依網屯倉（よさみのみやけ）の阿弭古（あびこ）が変わった鳥を捕らえて，天皇に献じ，「私はいつも，網を張って鳥を捕らえていますが，いま

> だかつてこのような鳥を捕ったことはありません。あまりに珍しいので，献上いたします。」と申し上げげた。天皇は酒君を召し，鳥を見せて，「これは何という鳥か。」と尋ねられた。酒君は，「この鳥の類は，百済にたくさんいます。飼いならせばよく人に従い，また速く飛んで諸々の鳥を捕らえます。百済ではこの鳥を，倶知といいます」と申し上げた［これは今の鷹である］。そこで酒君に授けて，飼い馴らすよう命じられた。その後まもなく，馴らすことができた。酒君は，なめし革の紐をその足に，小鈴をその尾につけ，腕の上に乗せて天皇に献上した。この日に，百舌鳥野（大阪府堺市北区・西区地域）に行幸され，狩りをされた。その時，多くの雌雉が飛び立った。すぐに鷹を放って捕らせたところ，たちまちのうちに多数の雉を獲ることができた。この月に，初めて鷹甘部を定めた。そこで時の人は，その鷹を飼う所を鷹甘邑（大阪府東住吉区東部）といった。
>
> （宮澤 254 頁）

仁徳天皇 43 年が今日の暦日のいつに当たるかは定かでないが，4 世紀末から 5 世紀にかけてであることは学界の共通認識であり，これが我が国の「鷹狩」の始まりだと考えてもよさそうだ。倶知については，書紀の編集者が「これ今の鷹のことなり」と但し書きしているので，明らかに「鷹類」である。種類を想像すると，イヌワシ，クマタカ，オオタカ，ハイタカ，ハヤブサが想定される。これらのうちで，「鷲」という字は「天日鷲」として，神代紀で 2 回出てくることから，当時の人は鷲を鷹とは異なるものとして認識していたと思われるのでイヌワシは外していいだろう。クマタカが鷹狩に使われるようになったのも，明治以降の東北地方であったらしい。これは鳥よりウサギなど哺乳類を主に捕獲させたので，これも外してよさそうだ。同様に，ハヤブサも 17 章で見たように，すでに知

図 18-1　狩野中信 鷹狩図（日照軒コレクション　写真提供：静岡県立美術館）

られた鳥だったはずだ。だからハヤブサも候補種としては外していいだろう。

そうなると，鷹狩によく使われたタカ類はオオタカとハイタカが考えられる。平安時代に中型のオオタカを使って，ツル，カリ，キジなど大物を狙う狩りを「大鷹狩」，小型のハイタカを使ってウズラやスズメなどを捕るのを「小鷹狩」と呼んでいるので，百舌鳥野で雉が捕れたと書かれていることから，この場合の倶知は，多分オオタカを指したものと類推できる。どの種であっても，タカ類は雌の方が雄より大型で，大物を捕獲できたので雌が尊重された。小鈴を尾につけたのは鷹の居場所を知るためであろう。

オオタカというと大きな鷹だと思われがちだが，実際はカラスぐらいの中型の鷹である。大きくないのにオオタカというのは，背面が青みがかった黒色あるいは灰色をしており，「蒼鷹（あおたか）」と呼ばれて

図 18-2　オオタカ（全長 オス 50cm，メス 58.5cm）

いたのが，オオタカに転訛（てんか）したらしい。低地の森林にすみ，おもに鳥類や哺乳類を食物にする。環境省が「準絶滅危惧種」に指定している（**図 18-2**）。

また，仁徳天皇は，酒君に鷹を授け，飼育・訓練・鷹狩を任せる「鷹甘部（たかかいべ）」を作っている。鷹匠も生まれたことだろう。群馬県にあるオクマン山古墳からは，左腕に全長約 15cm の鷹を乗せた，高さ約 147cm の鷹匠の埴輪が出土しており，専門職の存在を物語っている。この埴輪の鷹の尾には 137 頁に書かれた通り鈴がついているのも興味深い（**図 18-3**）。『書紀』によれば埴輪の起源は垂仁天皇の時代だが（67 頁），この埴輪が作られたのは古墳時代後期（6 世紀後半）と推定されているので，鷹狩を始めた仁徳天皇時代より後で，時代もよく合致している。

鷹狩に使う鷹をどのように調達したかというと，「巣鷹（鷹の雛）」を捕らえて来て，育て上げ訓練して，一鳥前の鷹に仕立て上げていた。そのためにいい鷹が住む山を「御巣鷹山」として禁猟区にし一般人を立ち入り禁止にした。群馬県にも航空機事故で有名になった

図 18-3　オクマン山古墳から出土した埴輪の鷹匠，右は拡大図（写真：太田市教育委員会 太田市立新田荘歴史資料館）

「御巣鷹山」があるのは偶然だろうか。

このようにもてはやされた鷹狩だが，「仏教の興隆と共に漸次衰退し，養老 4 年には諸国に放生会があり，同 5 年 7 月には殺生を禁じ，鷹（蒼鷹のこと），鷂（はいたか），隼等を放たしめられた。又聖武天皇の神亀 5 年には天下に令して養鷹を禁ぜしめられた。その後も縷々殺生禁止の発令があり，天平實字8年10月には遂に放鷹司を廃して放生司を置き，鷹を飼う役人は一時廃官となってしまった」という（東 1943）。「鷹甘部（たかかいべ）」はこの行政改革のあおりを食ったわけだが，鷹狩が復活したのは平安時代であったという。

鷹狩は，支配者の権威の象徴であり（**図 18-1**），時代が下って中世には武家の間でも行われ始め，信長，秀吉，家康いずれもこれを大変好んだ。また，鷹狩は世界各国で楽しまれており，特にアラブ首長国連邦での鷹好きは有名で，野生の鷹を保護するために年間2700万ドル（約30億円）が費やされており，アブダビとドバイには最先端の鷹用専門病院があるくらいである。だから，日本のアブダビ石油もミサゴの保護に，ことのほか配慮しているわけだ（103頁）。

閑話鳥題 18

鷲と鷹はどう違う？

第25代・武烈天皇紀に「真鳥大臣（まとりのおおおみ）」という人物が登場する（宮澤347頁）。「真鳥」は鷲の古語である。ところで鷲（わし）と鷹（たか）はどこが違うのかとよく尋ねられる。両者ともタカ科に属するが，一口に言ってしまえば，比較的大きく尾は短く，足が太い種類を「鷲」，比較的小さく足と尾が長く，翼が丸い種類を「鷹」と呼んでいる。鷲の全長は80～100cmぐらい，鷹の全長は50～60cmぐらいが目安となる。わが国の鷲には，イヌワシ，オオワシ，オジロワシなどがいる。鷹には，オオタカ，ハイタカ，クマタカ，ノスリなどいるが，クマタカは大きさからいえば鷲と言っていいほどだ。鷲はその大きさから，飼い馴らしづらいし，人が使いこなすのが難しい。そのため，鷹狩には向かない（だからこそ鷹狩であって，鷲狩りではないのだろう）。

さらに，トビなど腐肉をよく食っているものや，サシバのように昆虫を主食とするもの，ミサゴのように魚を常食としているものも鳥類や哺乳類を捕らえる鷹狩りには向いていない。

19章

雁(かり)――「意味不明」の歌から種を推測してみる

雁(かり)が最初に現れるのは，やはり神代下（巻2）の天稚彦(あめわかひこ)の会葬の際であり，川雁(かわかり)は**持傾頭者**(きさりもち)（死者の食物を持つもの）と**持箒者**(ははきもち)（葬儀の後に喪屋を清める箒を持つもの）になっている（9頁）。

「かり」はガン類の古名で，大型のマガン，カリガネ，ヒシクイなどが含まれる。「かり」はカリガネの「カリ・カリ」という高い鳴き声に由来すると言われる。それに対し，漢名の「鴈(がん)」は，「グヮーン」という「マガン」や「ヒシクイ」の鳴き声から来たとされる。大きさはカモより大きく，ハクチョウより小さい。

第16代・仁徳天皇紀（巻11）に以下の記述がみられる。

五十年春三月壬辰朔丙申。河内人奏言。於茨田堤鴈産之。卽日遣使令視。曰。既實也。天皇於是歌以問武內宿禰曰。

図 19-1　マガン（全長 65-86cm）

図 19-2　カリガネ（全長 53-66cm）

（訳）五十年の三月五日に，河内（こうち）の人が奏上して，「茨田堤（まんだのつつみ）に，雁（かり）が子を産みました。」と申し上げた。その日に，使者を遣わして視察された。使者は，「まったくその通りです。」と申し上げた。天皇は歌を詠んで，武内宿禰（たけうちのすくね）に尋ねられた。（宮澤 255 頁）

多莽耆破廛。宇知能阿曾。儺虚曾破。豫能等保臂等。儺虚曾波。區玾能那餓臂等。阿耆豆辭莽。揶莽等能區玾玾。箇利古武

等。儺波企箇輸揶。

（読み）たまきはる　内の朝臣　汝こそは　世の遠人　汝こそは　国の長人　秋津島　倭の国に　雁産んと　汝は聞かすや

（訳）{たまきはる} 武内朝臣よ。そなたこそは，遠い昔からの長生きの人だ。そなたこそは，国の第一の長寿の人だ。だから尋ねるのであるが，{秋津島} 倭の国で，雁が子を産むことを，そなたは聞いたことがあるか。（宮澤 255-256 頁）

武内宿禰答歌曰。

（訳）武内宿禰は答歌を詠んだ。

夜輸瀰始之。和我於朋枳瀰波。于陪儺于陪儺。和例烏斗波輸儺。阿企菟辭摩。揶莽等能倶珥々。箇利古武等。和例破枳箇儒。

（読み）やすみしし　我が大君は　宣な宣な　我を問わすな　秋津島　倭の国に　雁産んと　我は聞かず

（訳）{やすみしし} 我が大君が，私にお尋ねになるのはごもっともなことですが，{秋津島} 倭の国で雁が子を産むとは，私は聞いたことがありません。（宮澤 256 頁）

さすが長老の武内宿禰である。彼の答えは正鵠を射ている。ガン類はすべて冬に渡ってくる渡り鳥であって，マガンの繁殖地は図

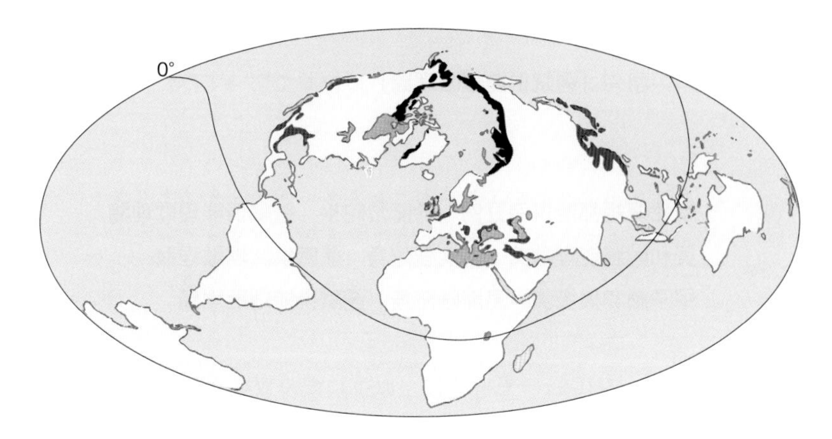

図 19-3　マガンの繁殖域（黒色部）と越冬域（灰色部）（Kear ed. 2005）

19-3 に示すように環北極圏であり，冬には低緯度地方に下がって越冬する。そうなると，使者が確認した雁の子は，飼育されたマガンが繁殖したか，あるいは逃げ出して繁殖したものに違いない。

第 37 代･斉明天皇紀（巻 26）の 6（660）年に，朝鮮半島にある百済は，唐・新羅連合軍の攻撃により，国家存亡の危機に陥った。百済は必至の思いで友好国の日本に救援軍の派遣を要請した。

斉明天皇はこれを受け，将軍に命令して進軍させ，役人には充分に準備を整えさせた。その時に以下の童謡が歌われた。

摩比邏矩。都能倶例豆例。於能幣陀乎。邏賦倶能理歌理鵝。美和陀騰能理歌美。烏能陛陀烏。邏賦倶能理歌理鵝。甲子。騰和與騰美。烏能陛陀烏。邏賦倶能理歌理鵝。

この歌は，「甲子（年号）」を除いて，まったく意味不明で，共通する三つの語句**「邏賦倶能理歌理鵝」**の位置で切ってみた。

摩比邏矩都能倶例豆例（まひらくつのくれつれ）　**於能幣陀乎**（おのへたを）　**邏賦倶能理歌理鵝**（らふくのりかりが）
美和陀騰能理歌美（みわたとのりかみ）　**烏能陛陀烏**（おのへたを）　**邏賦倶能理歌理鵝**（らふくのりかりが）
甲子騰和與騰美（こうしとわよとみ）　**烏能陛陀烏**（おのへたお）　**邏賦倶能理歌理鵝**（らふくのりかりが）

宮澤は，これを，「意味不詳。原字に読み仮名を付け，三行に設定。百済を新羅や唐が侵蝕し，日本の救援軍の敗北を予言したものか。」と書き，終わりの部分を下から逆に読んで，「かりがりのくう」とし，「雁が，がりがり食うさま」ととらえた。（宮澤 587 頁）

『日本書紀【歌】全注釈』（大久間･居駒編 2008）や『古代歌謡全注釈 日本書紀編』（土橋 1982）でも，**「邏賦倶能理歌理鵝」**の文字の順序を逆に組み替えて，「雁々の食ふ」と，三行を訓読して，以下のようにまとめて意味を持たせた。

平偪僂（ひらくつま）の作（つく）れる尾辺田（おのへた）を雁々（かりがり）の食（くら）ふ
御狩（みかり）の弛（たわ）みと尾辺田（おのへた）を雁々（かりがり）の食（くら）ふ
御言弱（みことよわ）みと尾辺田（おのへた）を雁々（かりがり）の食（くら）ふ

この解釈の口訳は，「背中の平たい偪僂（せむし）（百済に派遣された津臣偪僂を諷したもの）が作った山の上の田を，雁どもがやって来て食う。（天皇の）御狩りがおろそかだから，雁どもが来て食うのだ。（天皇の）御命令が弱いから，雁どもが来て食うのだ。」である。

これならだいぶ意味が分かるが，大久間・居駒は「文字列を大幅に組み替えない限り，まったく意味が通らないことは明瞭である。

図 19-4　ヒシクイ（全長 78-100cm）

そこまでして無理やり解釈すべき歌なのか疑問である。そこで考えられることは一つ。最初から意味を表そうとして書かれた歌ではなかったということである。」と書いている。いわば呪文でいいというのだ。いずれにしても，この歌は，白村江の戦いの敗戦と関係がある。

また，「がりがり食う」というなら，もっとふさわしい雁がいる。それはヒシクイだ（**図 19-4**）。忍者が「撒菱（まきびし）」に使った，堅く棘のあるあのヒシまで食うので「菱食（ひしくい）」の名がついたぐらいだから，こちらの方が「がりがり食う雁」の候補種にはふさわしいかもしれない。

日本へは，亜種ヒシクイと亜種オオヒシクイが冬鳥としてやって来る。ヒシクイは嘴がやや短く先がとがり，首がやや短い。オオヒシクイは嘴が長く先は丸みを帯び首が長い。亜種ヒシクイは太平洋側に，亜種オオヒシクイは日本海側に多く渡来する。

ところで，出雲地方のヒシクイ（亜種不明）を捕獲標識していた地元の佐藤仁志さんと「日本雁を保護する会」の呉地正行さんが，

図 19-5　衛星用発信機を装着された出雲のヒシクイ（ホシザキグリーン財団提供）

体の各部の計測をしたところ，測定値が，亜種ヒシクイと北日本産亜種オオヒシクイのちょうど中間に値することに気づいた。そして出雲のヒシクイは亜種がまた違うのではないかと色めき立ったのである。亜種が違うことを証明するには，計測サンプルを増やして，大きさが統計的に有意差を持って違うこと，DNA 分析で遺伝的差異があること，繁殖地が別の亜種と隔離していることなどを実証しなければならないが，山階鳥類研究所では，2 羽の出雲のヒシクイに衛星用発信機を装着して（**図 19-5**），そのうちの 1 羽が東シベリア海から 200km の地点に達したことを確認した（**図 19-6**）。しかし，残念ながらこの問題はまだ決着していない。

雁は肉が美味だったことから，鴨とともに格好の狩りの対象となった。第 15 代・応神天皇紀（巻 10）に，鴨猟の話が出てくるが，その際に，雁も出てくる（116 頁）。雁の場合は，重量があったので，鷹を使った「鷹狩り」や「谷切網」より，無双網が使われたものと思われる。わが国のガン類は，近代になって急速にその数を減

図 19-6　出雲市で越冬したヒシクイの人工衛星追跡状況（山階鳥類研究所 2010 より）

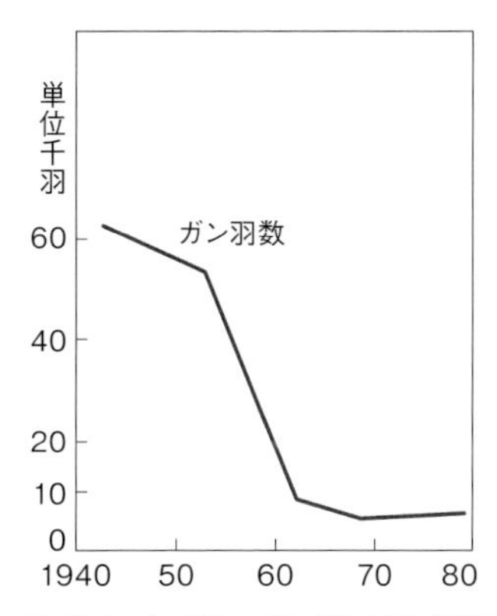

図 19-7　わが国のガン類の減少（横田ほか 1982）

らした（**図 19-7**）。横田ほか（1982）はその原因として明治維新後の，狩猟圧，産業の発展，農業の変革を上げている。

閑話鳥題 19

堅田の落雁

下の浮世絵は歌川広重の「近江八景・堅田の落雁」である。琵琶湖西岸の浮御堂の近くへ，雁の大群れが落ちるように舞い降りていく様が描かれている。これは，中国の瀟湘八景の「平砂落雁」をなぞらえたものだという。当時はたくさんの雁が琵琶湖へ渡来していたのだろうが，現在ではヒシクイが年間200～300羽ほど飛来する（環境省ガンカモ類生息数調査）。

「落雁」というと，打ち菓子を連想するが，その名前の由来として中国の唐菓子である「軟落甘（なんらくかん）」の「軟」がなまったことから欠落し，さらに近江八景の「堅田の落雁」と，中国の「平砂の落雁」の景色が良く似ていることから，「落雁」になったという説がある。もう一説は，本願寺綽如上人がこの菓子を後小松天皇に献上したときに，白色の地に黒ごまの点在する様が，雁の渡る姿を連想させたので「落雁」としたという説である。

歌川広重「堅田の落雁」

お供物にも使われる落雁（写真：山本弘之／アフロ）

20章

百舌鳥(モズ)——仁徳陵(百舌鳥耳原中陵(もずのみみはらなかのみささぎ))の周りはモズだらけ

第16代・仁徳天皇紀(巻11)に百舌鳥が出てくる。

六十七年冬十月庚辰朔甲申。幸河内石津原。以定陵地。○丁酉。始築陵。是日。有鹿忽起野中。走之入役民之中而仆死。時異其忽死。以探其痍。卽百舌鳥自耳出之飛去。因視耳中悉咋割剝。故號其處。曰百舌鳥耳原者。其是之緣也。

(訳)六十七年の十月五日に,河内(こうち)の石津原(いしつのはら)(大阪府堺市石津町付近)に行幸され陵地を定められた。十八日に,初めて陵を築いた。この日,野原から突然しかが飛び出し,役夫の中に入って倒れて死んだ。鹿の傷を探ると,百舌鳥が耳から出て飛び去った。そこで耳の中を見ると,食い裂かれてはがれていた。それでその場所を,百舌鳥耳原(もずのみみはら)という。

(宮澤259頁)

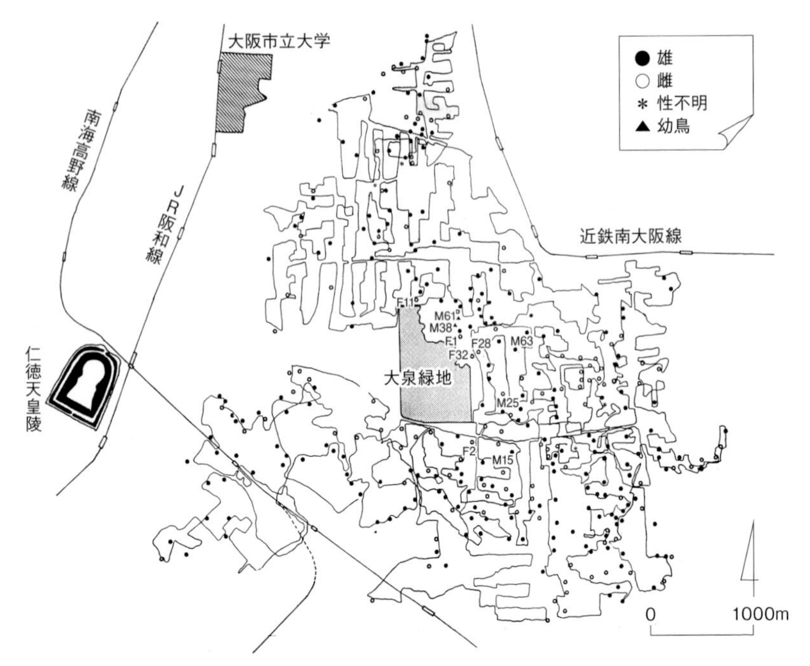

図 20-1　大阪府堺市の仁徳天皇陵と調査地大泉緑地及びモズの出現状況（山岸 1981a）

その百舌鳥の耳原は大阪府堺市のJR阪和線と南海高野線が交錯する辺りにある（**図 20-1**）。『日本書紀』の上の記述から仁徳天皇陵は「百舌鳥耳原中陵（もずのみみはらなかのみささぎ）」と呼ばれる。モズは，くちばしがワシ・タカ類のようにカギ形に曲がり，この鋭いくちばしで，ネズミ・ヘビ・トカゲ・カエル・昆虫・ミミズなどを捕らえて食べる。時には，ツグミやシロハラなど自分より大きな鳥を捕らえて食べる。それどころか，猛禽類のサシバに立ち向かっていくことさえある（159 頁**図 20-11**）。そのためか，「モズタカ」と呼ばれることもある。だから，鹿の耳を食い裂くぐらいは，モズにとっては朝飯前の仕事だったのだろう（ただし，それで鹿は死んだのではないと私はにらんでいる。三

図 20-2 モズ（全長 19-20cm）

半器管を壊されて，立っていられなくなり，バッタリ倒れたのを役夫たちが死んだと勘違いしたのではあるまいか）。雄は目の上を通る黒い過眼線が特徴で，スズメよりひとまわり大きい鳥である（**図 20-2**）。1978 年から，このモズの社会構造の研究がなされた（山岸 1981a）。調査地は仁徳天皇陵の 3km ほど東にある大泉緑地である（**図 20-1, 図 20-3**）。

大泉緑地の周り 4km 四方をしらべてみると，モズだらけで，さすが仁徳陵ゆかりの地である（**図 20-1**）。緑地は約 70ha あり，そこに住む，すべてのモズを雛も含め色足環で識別したうえで観察する。

秋になると，枯れ木の頂からモズの「キィー・キィー」という「高鳴き」が聞こえてくる。雌も雄も，なわばりを主張しているのだ。モズ社会の特徴の一つは，非繁殖期には，雌雄別々の「単独なわばり」を作ることである（**図 20-4 左**）。これはモズが上記の餌動物を，枝上などでじっと静かに待って捕らえる「待ち伏せ型」の採食をするからで，夫婦といえども，他個体の存在が狩りの邪魔になるからだと考えられている。

図 20-3　空から見た大泉緑地（山岸 1981a）

これが，春先になると，雄はそのまま冬のなわばりに留まり，雌は複数の雄のなわばりを移動して歩く。そこで雄の求愛ダンスを受け（**図 20-5**），気に入った雄のもとに「嫁入り」する。この時，雌は「ジャー・ジャー」という声を出して雄から求愛給餌を受けるが（25 頁），その姿勢や発声の周波数は，巣立ち雛のそれと非常によく似ている。雌のこの行動は雛の行動から発達してきたものであろう（**図 20-6**）。

こうして一夫一妻の「つがいのなわばり」が形成される（**図 20-4 右**）。そして，愛の結晶が生まれるわけだが（**図 20-7，8**），その子供たちは本当に，すべてがそのつがいの子供なのだろうか。それを調べるには，子育てしている夫婦とその巣の中で育てられている雛のすべてから，少量の血液を採取する。そして DNA を抽出し，特殊な処理を施して電気泳動にかけると，商品についているバーコード

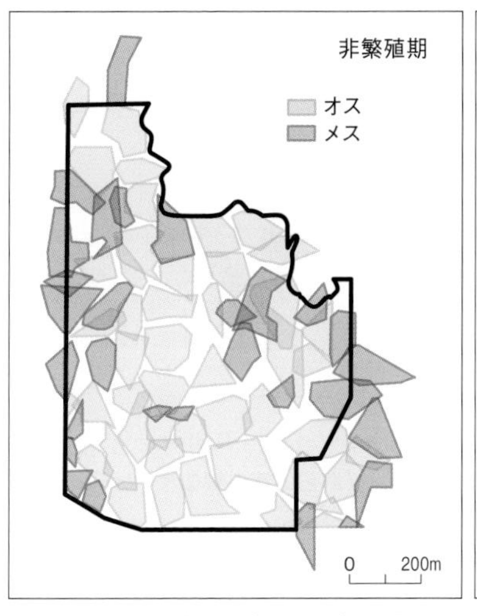

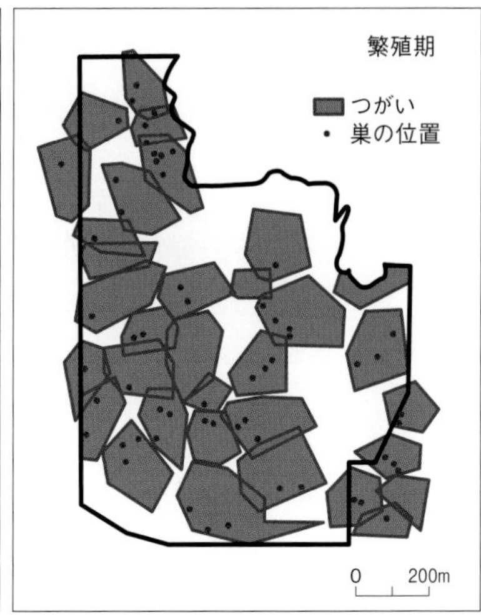

図 20-4　大泉緑地のモズのなわばり配置（山岸 1996a）

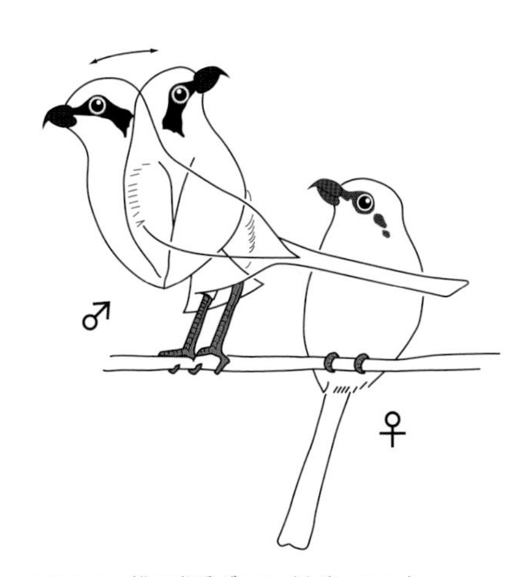

図 20-5　雄の求愛ダンス（山岸 1981a）

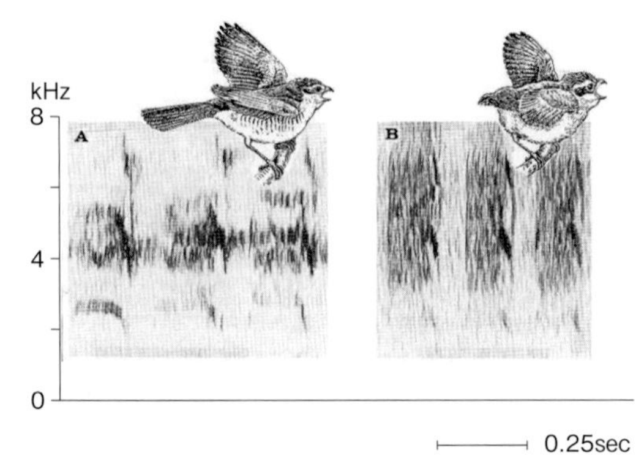

図 20-6　雌（A）と巣立ち雛（B）の餌乞い姿勢及び餌乞い声の類似性（Yamagishi & Saito 1985）

のような縞模様が得られる（**図 20-9**）。この縞模様は私たちの指紋（フィンガープリント）と同じで，個体に特有であり，単純なメンデル遺伝によって子供に伝わることから親子判定が容易にできる。

図 20-9 は，ある父親と母親，その夫婦が育てていた 3 羽の雛（A, B, C）一家族の DNA フィンガープリントである。実線は父親に固有なバンド，点線は母親に固有なバンドを示している。雛 A のバンドは父親か母親の少なくとも一方には必ず存在しているので，雛 A の遺伝的な親はこの雌雄であるであることがわかる。一方，雛 B と C の矢印のバンドはこの雌雄以外の親から受け継いだものである。雛 B・C のバンドは母親のバンドとはよく似ているが，父親のバンドとは似ていないので，この父親以外の雄の子供であることがわかる。大泉緑地の 24 組の夫婦とその子供たち 99 羽について調べたところ，10 羽（10%）の雛は育てていた雄の子供ではないことがわかった。現在では，一夫一妻の配偶システムでも，子育てしている「社会的雄」と授精させた「遺伝的雄」とは時に異なることは鳥類

図 20-7 父親と雛たち（撮影：吉村正則）

図 20-8 同じ巣に通う母親と雛たち（撮影：吉村正則）

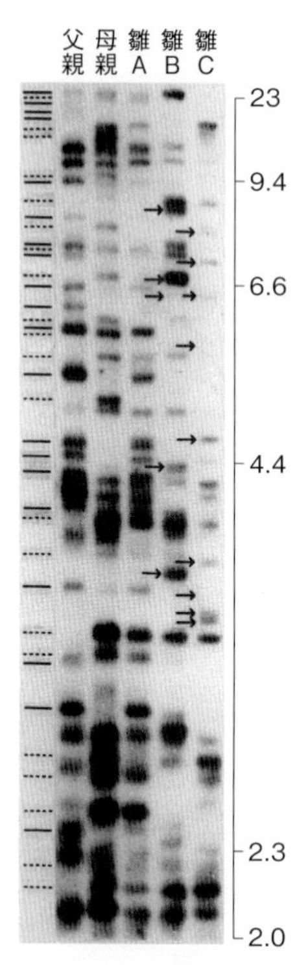

図 20-9　モズのある家族の DNA フィンガープリントによる親子判定の例（Yamagishi *et al*. 1992 より）

図 20-10　枯木鳴鵙図（宮本武蔵筆）

学者の常識となっている（215 頁**図 29-2**）。

モズは決して美しいさえずりをする歌い手とはいえないが，春先に恋人を呼ぶ時期と，秋になわばりを張る時期だけ，他の鳥の鳴き真似をする。これを「ひろい込み」というが，山岸がこれまで記録したのはウグイス，ヒバリ，コジュケイをはじめ 20 数種を超え，時には猫や犬の鳴き声から，果ては赤ん坊の泣き声まで真似ること

図 20-11 サシバに立ち向かうモズ（撮影：森井豊久）

がある。漢字の「百舌鳥（もず）」は，真似上手を表したものかもしれないが，『日本書紀』の時代に，こうした「ひろい込み」がすでに知られていたのかどうかはわからない。

宮本武蔵の筆になる「枯木鳴鵙図」（**図 20-10**）では，枯れ木の先にじっと静かに止まる 1 羽のモズが描かれている。猛禽類に似た爪やくちばしを持ちながら，ワシ・タカ類のようには格式のない百舌鳥を，めっぽう強くはあったが，そんなに家柄もよくなく，一生漂泊した孤独の剣士の自分になぞらえて，武蔵は好きだったのではなかろうか。

閑話鳥題 20

モズのはや贄(にえ)

モズにはカエルやカナヘビを木の棘や，有刺鉄線の針に刺す奇妙な習性がある。これをモズの「はやにえ」というが，これまでに記録されている「はやにえ」は，ヒル，マイマイ，ミミズ，クモ，アメリカザリガニ，ムカデ，カエル，イモリ，アオダイショウ，ヤマカガシ，ジムグリ，カナヘビ，モロコ，ギンブナ，ドンコ，ハツカネズミ，モグラ，シロハラ，ツグミ，スズメと昆虫類であり（干からびてしまい種名まで判定できないものもある），量的には昆虫が最も多い。昆虫のうちの80% はチョウやガの幼虫やバッタの仲間で占められている。

こうした動物をモズがはやにえに立てる理由は，まだ正確にはわかっていないが，1) 冬の間の餌不足に備えて貯蔵する，2) モズはくちばしの先がタカ類に似ているが，足が短く蹴爪や爪が強力なくちばしに見合うほど頑丈でないため，とがった場所を足の補助にフォークとして使う，3) 満腹の時に，余分に捕らえた獲物を刺す，4) なわばりの境界を示す，などの説がある。

シロハラの頭部のはや贄（撮影：山岸哲）

21章

鳩(はと)——兄妹の禁断の愛の忍び泣き

第19代・允恭(いんぎょう)天皇紀（巻13）に以下のような鳩についての記述がみられる。

廿四年夏六月。御膳羹汁凝以作氷。天皇異之卜其所由。卜者曰。有內亂。蓋親親相姧乎。時有人曰。木梨輕太子姧同母妹輕大娘皇女。因以推問焉。辭既實也。太子是爲儲君。不得罪。則流輕大娘皇女於伊豫。是時太子歌之曰。

（訳）二十四年の六月に，天皇の御膳の吸い物が凍結した。天皇は奇異に思われ，その理由を占わせた。すると，「内よりの乱れがございます。おそらく近親相姦でしょう。」と申し上げた。時にある人が，「木梨(きなしの)軽太子(かるのたいし)が，同母妹軽大娘皇女(かるのおおいらつめのひめみこ)を犯されました。」と申し上げた。そこで尋問したところ，すべて事実であった。太子は皇太子であり，

処罪することはできない。そこで，軽大娘皇女を伊予に流罪にした。その時，太子は歌を詠まれた。（宮澤 282 頁）

於袁企彌烏。志摩珥波夫利。布儺阿摩利。異餓幣利去牟鋤。和餓哆々灦由梅。去等烏許曾。哆多灦等異絆梅。和餓菟摩烏由梅。

（読み）大君(おおきみ)を　島に放(はぶ)り　船余(ふなあま)り　い還(がえ)り来(こ)んぞ　我(わ)が畳斎(たたみゆ)め　言(こと)をこそ　畳(たたみ)と言わめ　我(わ)が妻を斎(ゆ)め

（訳）大君を島に放逐しても，{船余り} きっと帰ってこようぞ。私の畳は穢すことなく謹んで守れ。言葉では畳というが，実は我妻よ，お前も決して汚れるな。（宮澤 282 頁）

又歌之曰。

（訳）また歌を詠まれた。

阿摩儾霧。箇留惋等賣。異哆儺介廰。臂等資利奴陪灦。幡舎能夜摩能。波刀能資哆儺企邏奈勾。

（読み）天(あま)だん　軽嬢子(かるおとめ)　甚泣(いたな)かば　人知りぬべみ　幡舎(はさ)の山の　鳩(はと)の　下泣きに泣く

（訳）{天だん} 軽嬢子よ，ひどく泣いたら人が気付くだろうから，幡舎(はさ)（軽の南方の山）の山の鳩のように，低い声で忍び泣きに泣くことだ。

（宮澤 283 頁）

左上：**図 21-1**　ドバト（全長 33-35cm）
（水谷高英 画）
左下：**図 21-2**　キジバト（全長 32-35cm）
右上：**図 21-3**　アオバト（全長 33cm）

近親相姦のかなりきわどい話だ。書紀の編纂者はこの手の話が好きだった，というよりは『日本書紀』編纂当時の社会では禁忌とされながらも，かなり一般的な習俗だったようだ。まして允恭天皇の子というからこの話は『日本書紀』編纂のずっと前である。

ともあれ，鳩は最も身近にいたのは神社や仏閣でよく見かけるドバトであった可能性も高いが（**図 21-1**），「山の鳩のように」と言っているところをみると，山地に住む「キジバト」（**図 21-2**）か「アオバト」（**図 21-3**）と思われる。

キジバトはよく知られるように，「デテッ・ポウー」と朗らかに鳴くので，「低い声で忍び泣きに泣く」のは，アオバトの鳴き声

「ウー，ウー」の方がふさわしいように思われる。

ハト類は素嚢の内壁から分泌される「素嚢乳」と呼ばれる液体を育雛の際に吐き戻して子に与える。鳥類なのにミルクで育てるわけで，ピジョン・ミルクと呼ばれる。哺乳類では雌だけしか母乳をつくれないが，素嚢乳は雄と雌の成鳥ともに作ることができ，両方が雛に与える。

ハト類は1回に必ず2つの卵を産む。これの性比を調べた人がいる。100巣を調べると，50巣では「息子と娘」，25巣で「息子だけ」，25巣で「娘だけ」だったという（丹下1937）。これで全体的には息子と娘は1：1になる。よくできた話だ。

そういえば，私の亡妻は4人姉妹だった。ハトのようにいずれも二人の子供をもうけたのだが，妻が長女で息子が二人，次女のところが息子と娘，3女のところが娘が二人，末娘のところが息子が二人だった。もう少しでハトと同じ話だったが，惜しい話ではある。

閑話鳥題 21

平和の鳩，戦闘の鳩，オリンピックの鳩

「ピース（平和）」という「たばこ」がある。ハトがオリーブの小枝を咥えている意匠であるが，鳩はなぜ平和のシンボルなのだろうか。

旧約聖書の『創世記』，地上に増えた人々の堕落を見て，これを洪水で滅ぼすと主に告げられたノアは，自分の家族とあらゆる動物1

つがいを乗せた「箱舟」を大洪水の中で船出させ，鳩を飛ばしては，水の退き具合を見ていた。そんなノアの元にオリーブの小枝を咥えたハトが戻り，陸地がそう遠くないことを知ったという。この聖書の話から，ハトは世界の多くの場所で，将来平和に生きることができる希望を与えるシンボルとなったようだ。

一方，わが国では，ハトは全国の八幡大神を祀る「八幡宮」の神使である。また，河内源氏の２代目棟梁だった源頼義が「前九年の役」の際，八幡大神が霊鳩を遣わして，頼義を勝利へと導いたとされる「戦闘のシンボル」でもある（八咫烏の話と似ている）。

ところでオリンピックでは，開会式で必ず鳩が放たれる。これはオリンピック憲章で定められているのだそうで，第１回古代オリンピックに参加した選手が優勝の喜びを故郷の母親に伝えるために伝書鳩を使ったことが由来になっているのだそうだ。平和や戦闘のシンボルに比べれば，こちらの方が鳥の動物行動学と合致した，科学的な根拠がある。

たばこのピースの箱にデザインされた鳩

鶴岡八幡宮にかかる扁額。2羽の鳩で八の字が示される

22章

鵞鳥——呉からの献上品を犬に噛み殺された話

第21代・雄略天皇紀（巻14）に以下の鵞鳥についての記述がみられる。

十年秋九月乙酉朔戊子。身狭村主青等將呉所獻二鵝到於筑紫。是鵝爲水間君犬所囓死。別本云。是鵝爲筑紫嶺縣主泥麻呂犬所囓死。由是。水間君恐怖憂愁。不能自默。獻鴻十隻與養鳥人。請以贖罪。天皇許焉。

（訳）十年の九月四日に，身狭村主青は，呉が献上した二羽の鵞鳥を持って，筑紫に到着したが，鵞鳥は水間君の犬に噛まれて死んだ［別の本によると，この鵞鳥は筑紫の嶺県主泥麻呂の犬に噛まれて死んだという］。これによって水間君は恐れ憂いて，黙っていることができず，白鳥十羽と養鳥人とを献上して赦免を願い出た。天皇はお許しになった。

（宮澤 311 頁）

図 22-1　シナガチョウ（全長 60cm）
（水谷高英 画）

雄略天皇は 8（364）年 2 月に身狭村主青らを呉国へ派遣したが，これは，そのお返しだろうか。外国からの献上品を間違って殺してしまったのだから，水間君（みぬまのきみ）の狼狽は察するに余りある。それは，日本にはいなかった外来種であったためだろう。

鵞鳥は野生の雁を飼いならして家禽化したもので，家禽としてはニワトリ（11 頁）に並ぶ歴史を有しており，古代エジプトにおいてすでに家禽化されていた記録がある。体は大きく，重量があるため，ほとんど飛ぶことはない。現在飼養されているガチョウはハイイロガンを原種とするヨーロッパ系種と，サカツラガン（**図 22-2**）を原種とする中国系のシナガチョウに大別される。シナガチョウは上くちばしの付け根に瘤のような隆起が見られ，この特徴でヨーロッパ系種と区別することができる（**図 22-1**）。したがって，『日本書紀』にある鵞鳥は「呉から献上された」とあるので，瘤のあるシナガチョウであろう。マザー・グースに出てくる方は，ヨーロッパ

図 22-2　サカツラガン（全長 81-94cm）

系種である。ちなみに，サカツラガンの名は，顔が酒を飲んだように赤い「酒面（さかつら）」をしていることから来ているという。

ガチョウは粗食に耐えながらも短期間で成長し，肉質が優れ，良質な羽毛がとれるので重用された。肉は食用に，卵もまた広く食用とされる。羽毛は羽根布団やダウンジャケット，バドミントンのシャトルなどに用いられる。警戒心が非常に強く，見知らぬ人間や他の動物を見かけると金管楽器を鳴らすような大声で鳴き騒ぎ，追いまわし首を伸ばしてくちばしで攻撃を仕掛けることから，古来より番犬代わりにされていた。ウイスキーのバランタイン社では，1959 年に社長のトム・スコットが泥棒から倉庫を守るために考えた，ガチョウを見張りにする「スコッチ・ウォッチ」が有名である（**図 22-3**）。

1560 年，スウェーデンで狂気王と呼ばれたエリック 14 世がある街に侵攻したとき，民衆が「愚か者を表わすガチョウ」を街のあち

図 22-3　ガチョウの見張り番（写真：ZUMA Press ／アフロ）

こちに据えたことに怒った王は，ガチョウもろとも街を焼いてしまい，民衆の思いを踏みにじったことがあった。この故事に基づいて「希望や計画を台無しにする」ことを，「ガチョウを料理する」という。

このようにヨーロッパでは古くからガチョウは「愚か者」を表す「侮蔑語」であったが，呉の王様がそれを知っていれば，当然献上品リストから外したことだろう。

閑話鳥題 22

侮蔑語と鳥

動物になぞらえて，相手を「豚野郎」と呼んで馬鹿にしたり，侮辱する言葉を「侮蔑語」という。ヨーロッパでは，鷲鳥が「愚か者」という侮蔑語であったが，『日本書紀』にもこうした記載がみられる。新羅や唐を「雁」になぞらえたり（146 頁），高麗人を「雄鶏」と呼んだりしている（17 頁）。下記の図は，西域ソクド時代壁画に描かれた高句麗人と思われる人物像で，鳥羽冠（チョウグアン），冠帽（カンボウ）に雉の尾羽を挿んでいるが，雄鶏の鶏冠に通じているという（東・田中 1989）。現代朝鮮語辞典で鶏を調べると，「タッテガリ」が「鶏の頭」の意味で，「記憶力の悪い，愚か者」と出てくる。また，「鶏を殺して食べて，アヒルの足を出しておく」（悪事がばれそうになると，浅知恵で人を騙そうとする）という諺が出てきて，鶏には人を侮蔑する意味があるようだ。

エドマンド・リーチ（1986）によると，侮蔑語に使われる動物には，ある共通点があるという。それは「食用」になる動物だと言い，人間の側から近い順に「ペット」「家畜（禽）」「野生動物」の順に並べ，近いペットは食用にはしないので「侮蔑語」にもならない。遠い「野生動物」のうちでは，狩りで獲物になる動物が「侮蔑語」になる。最も侮蔑語になる動物が「家畜（禽）」であるとしている。『日本書紀』に出てくる「雁」と「雄鶏」もこれによく合っているし，「鷲鳥」もその考えにあっているのは興味深い。

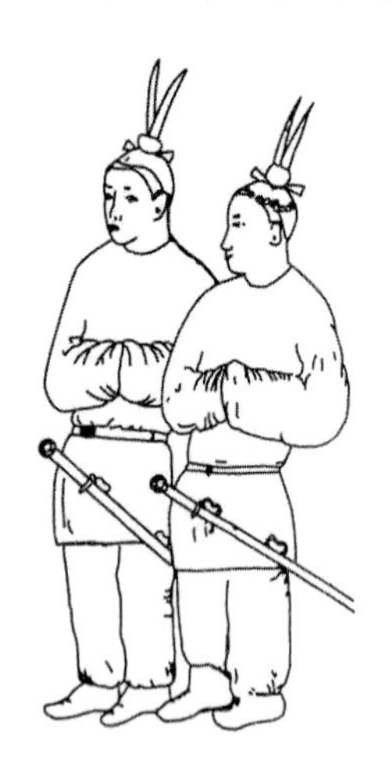

23章

孔雀(くじゃく)——孔雀の尾はなぜ立派なのか

第33代・推古天皇（巻22）の6年4月に難波吉士磐金(なにわのきしいわかね)が新羅から帰国してカササギ2羽を貢上した話は，次のカササギの章で述べるが（182頁），それにすぐ続く8月の記述である。

秋八月己亥朔。新羅貢孔雀一隻。

（訳）八月一日に，新羅は孔雀1羽を献上した。（宮澤463頁）

新羅からの献上品だが，梅原（2014a）は，この孔雀は新羅が隋から手に入れたもので，アッサム・ビルマ・タイなど，隋の近くに生息するマクジャクであろうと類推しているが，隋から遠くともインド・スリランカなどに生息する，より美しいインドクジャクであったかもしれない（**図23-1**）。いずれにしても，元来日本にはいない

図 23-1　インドクジャク（全長 200cm）（水谷高英 画）

鳥だから，私たちは動物園などでしか見られなかったが，最近，沖縄県の島嶼で放し飼いのインドクジャクが逃げ出して，野生化して従来の生態系を乱し大きな問題になっている。

また，第 36 代・孝徳天皇紀（巻 25）の，オウム一羽が献上された話は後に述べるが，その時にクジャク一羽も送られてきている（207 頁）。クジャクは外交目的を持った献上品として好まれたようだ。

何といっても，尾羽を広げた姿は壮観である。尾羽といっても，正確に言えば「上尾筒」と言って尾の付け根の羽であり，キジの仲間は，長さは違っても求愛の際に，皆この上尾筒を上げたり広げたりする（201 頁**図 27-3**）。クジャクになぜこのような派手な求愛ディスプレイが進化してきたのか研究者は皆知りたがった。「それは雌

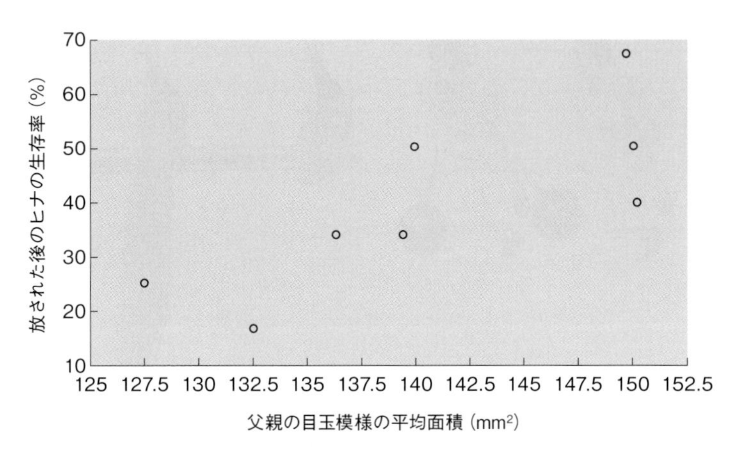

図 23-2 尾に大きな目玉模様を持つ雄は，高い生存率を持つ子の父親になった（Petrie 1994 改変）

がそうした派手な雄を好んで結婚する」からだろうと予想を立てた。これを「性淘汰説」という。雄の尾の目玉模様の数を数えて，それが多い方が雌と交尾できることがまず実証された（Zuk *et al*. 1990）。続いて，目玉模様の数を減らすと，年を追うごとに雄の交尾成功が減少することが実験的に示された（Petrie *et al*. 1991）。さらに，より美しい装飾羽を持つ雄の娘や息子の方が，2 年後の生存率が高いことが実証された（**図 23-2**）。

つまり，「クジャクの雌は美しい装飾羽の雄を確かに選んでいる」のであり，「その性向は子供たちに残りやすい」ことが示されたわけだ。では，なぜこうした派手な雄が選ばれるのだろうか？　有力な仮説は，長い尾や目玉模様の数が多い雄は，「寄生虫の数が少なく，宿主の免疫力を低下させないから，尾を指標にして，雌はそうした優良な雄を選んでいる」というものだ。

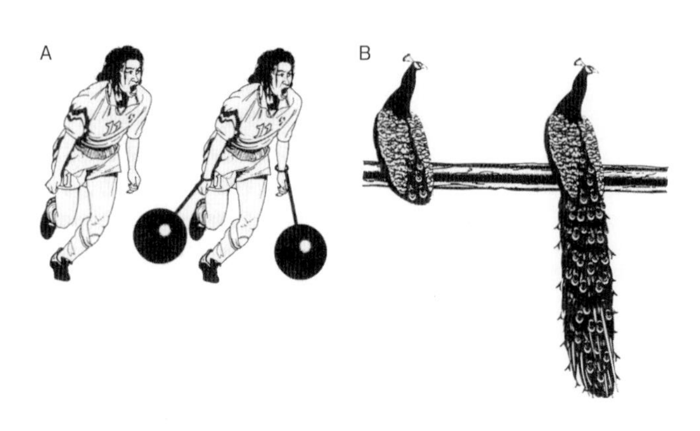

図 23-3　Zahavi のハンディキャップ原理（酒井ほか 1999 改変）

これは回りくどい説明であって，もっと簡単に説明できるのではないかと考えた人がいる。イスラエルの生物学者アモツ・ザハヴィという人で，一見すると適応的でない，すなわち個体の生存可能性が減少するような形態や行動の進化を説明する理論として注目された。この場合，雌はより資質の高い雄を選択したいが，複雑なテストを経ずして一目で選択できる方がいい。**図 23-3A** で同じようにサッカーをプレイしている二人ならば，錘を付けた右側の方が実力があるに違いない。**図23-3B** で同じように生存しているなら，右側のクジャクの方が生存力が高いはずだ，というのだ（Zahavi 1975, 1977; 酒井ほか 1999）。これを「ハンディキャップ理論」と呼ぶ。

ところで最近，面白い文章を見つけた。それは，寺田寅彦の随筆集『橡（とち）の実』（1936　吉村冬彦の名で出版）の中にあった。

（前略）周囲の環境と著しく違った色彩はその動物の敵となる

動物の注意をひきやすく従ってそうした敵の襲撃を受けやすいわけである。そういう攻撃を受けた場合にその危険を免れるためには感覚と運動の異常な鋭敏さを必要とするだろう。それで最も目立つ色彩をしていながら無事に敵の襲撃を免れて生き遺ることのできるような優秀な個体のみが自然淘汰の篩(ふるい)にかけられて選り残され，そうしてその特徴をだんだん発達させて来たものではないか。（後略）

これを物理学者の寅彦が書いたのは，昭和10（1935）年10月16日，私が生まれる前で，ザハビが上述の論文を発表する何と40年も前なのである。寅彦は違う随筆の中で，**「哲学も科学も寒き嚔(くさめ)哉」**とあっさりと往(い)なしている。

閑話鳥題 23

空想の鳥　朱雀と鳳凰

「まえがき」で述べたように，本書では空想の鳥は扱わないが，コラムで少々触れておこう。朱雀は，赤いスズメと書くが，キトラ古墳に見られるそれは，どう見ても雀には見えない。古代中国から伝来した「南方を護る神鳥」であり，また陰陽五行説では赤（朱）は「南」を表すので（59頁），平城京の「朱雀門」は南に配置され，ここから朱雀大通りが始まる。鳳凰（裏表紙参照）と似ているので，時に混同され，瑞兆として地上に現れる時には鳳凰と呼ばれ，天に

朱雀（国宝 文部科学省所管 キトラ古墳南壁壁画／写真：奈良文化財研究所）

鳳凰（国宝 平等院鳳凰堂中堂旧棟飾／写真：宗教法人平等院のご厚意による）

ヘビクイワシ（全長 100-150cm　画：作者不詳）

ある時には朱雀と呼ばれることもあるそうだ。朱雀の尾は孔雀に似ているし，鳳凰の嘴は，ほとんど鷲か鷹だ。

朱雀は第39代・天武天皇紀（巻28）によく出てくる（『日本書紀』には，大友皇子の即位の記載がないため，第39代を天武天皇とした）。9（680）年7月10日に，翌10年7月1日に南門に現れている。また，686年には「朱鳥」と改元している。天皇の赤への強い趣向がうかがわれる。

後に203頁で「古来から今まで，瑞祥が現れて，有徳の君に応えるという例は多い。いわゆる鳳凰（ほうおう）・麒麟（きりん）・白雉・白鳥，このように鳥獣から草木にいたるまで，符応（ふおう）はみな天地の生み出す吉祥，嘉瑞（かずい）である」と見るように，鳳凰や朱雀は吉祥として大事にされたのである。

朱雀や鳳凰のモデルについては諸説論じられているそうだが，平等院の鳳凰のデザインに関して言えば，妄想を一つ追加する良い材料を見つけた。内田清之助が書いた「定價 壹圓八拾錢」の『鳥』という本の中に，前頁の図のようなスケッチがある（内田 1942: 272）。アフリカに広く分布する「ヘビクイワシ」だが，頭といい，嘴といい，すっくと立った長い足といい，これが首を曲げて尾と羽を上げると，まさに平等院の鳳凰になる。ヘロドトスの『歴史』（II 73）によれば，「西洋の鳳凰」とも言えるフェニックスは500年ごとにエジプトに姿を現し，その姿はワシに近い形だそうだ（ヘロドトス／松平千秋訳 1971）。鳳凰堂が建立されたのは平安時代（天喜元年 1053年）らしいが，その頃には，シルクロードを経由して西方から様々な文物がもたらされているから，似たような絵を誰かが見たかもしれない。ちなみに，平等院の鳳凰をデザインしたのは一説には定朝という仏師だそうだが，過去に遡って尋ねられるものなら，何をモデルにしたのか，定朝に聞いてみたいところだ。

24章

鵲（カササギ）——大伴家持も驚愕する伝来の歴史

カササギはカラスの仲間で，黒と白のダンディーな色柄の鳥であり，日本には元来生息しない（**図 24-1**）。日本にもともといなかったことは，魏志倭人伝に「其の地には，牛・馬・虎・豹・羊・鵲無し」（「和田清・石原道博編訳　『魏志倭人伝・後漢書倭伝・宋書倭国伝・隋書倭国伝』　岩波文庫」）の記述があることが傍証として挙げられる。「カチ・カチ」と鳴くので，佐賀地方では「カチガラス」と呼ばれることがある。佐賀県の県鳥，大正12年3月7日には国の天然記念物に指定され，その範囲は**図 24-2** の茶色に塗った部分に示す通りである。

現在日本に生息するカササギは，豊臣秀吉の朝鮮出兵の際に，佐賀藩主鍋島直茂，柳川藩主立花宗茂などの大名が朝鮮半島から日本に持ち帰り繁殖したものだとされる説がある。それは『原系図』（1847：佐賀県立図書館所蔵）という古文書に，原家の先祖の原十左衞門吉親が鍋島直茂の命によりカササギを持ってきたことが，「朝鮮

図 24-1 カササギ（全長 45cm）

ヨリ烏ヲ執リ来リ肥前国ニ放チ勝烏ト命名ス」と記載されていることを根拠とする（江口・久保 1992）。佐賀・柳川両藩では主に 17 世紀に入ってから，地誌や産物帳などに目撃例や生息地，生態に関する記録がみられるようになるから，その頃には生息していたことは確かだ。**図 24-2** には，江戸時代に目撃記録のある 4 地点と佐賀市と柳川市の中心部が示されている。その後，1948 年以降の繁殖地の拡大状況は**図 24-3** に示されており，巣の数は最大で 10,000 巣を超えたこともある（**図 24-4**）。**図 24-2**，**図 24-3** からも明らかな通り，まずは佐賀市，柳川市を中心として目撃地が広がってきた様子がよく見て取れる。

朝鮮出兵の際に持ち帰ったという説には，鳴き声が，「勝ち（カチ）・勝ち（カチ）」で縁起が良かったからだという，まことしやかな話がつけ加えられることもあるが，面白いことに朝鮮語でもカササギを「까치 (Kkachi，カチ)」と呼ぶ。「カチ」と「カラス」がついて，「カチガラス」になったという説もある。

その一方で，最近の分布は，福岡県の玄界灘の方に広がっている

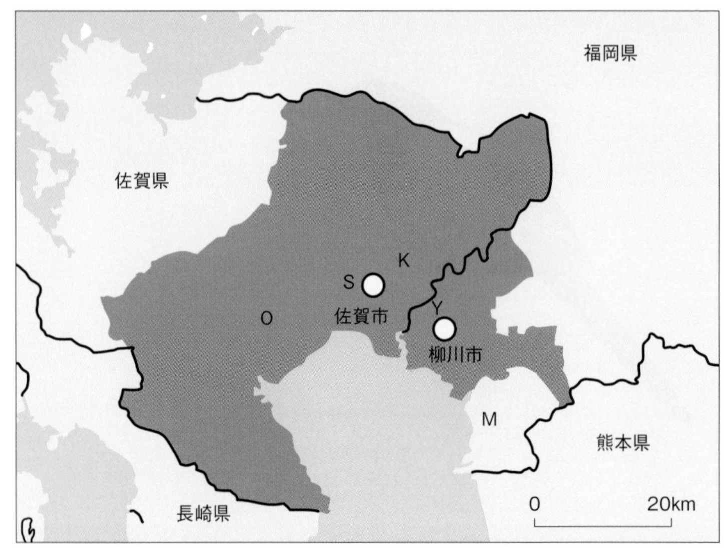

図 24-2　天然記念物カササギ生息地指定地範囲（茶色部分）と江戸時代の目撃地点（アルファベット）（江口 2016）

ことがわかる（**図 24-3d**）。これは，冬には朝鮮半島から対馬に渡ってくる個体があるほか，大陸から来るミヤマガラスの大群にカササギが混じっていることがあるという観察結果から，渡ってきたカササギが局地的に定着したという意見もある。佐賀・福岡両県でカササギの死体や血液サンプルを多数収集して DNA 分析した結果によると，玄界灘沿岸と有明海沿岸では，明らかに系統が異なり，有明海沿岸の集団は江戸時代の移入が起源になっているが，玄界灘沿岸の集団は最近朝鮮半島から自然渡来して，この 20 年ほどで分布が拡大したと考えられている（森 2019）。

現在のカササギの分布がいかなる歴史を持つとしても，『日本書紀』が編纂された時代には，わが国にはカササギはいなかったわけで，もし居たとしたら，朝鮮か中国からの贈り物かお土産というこ

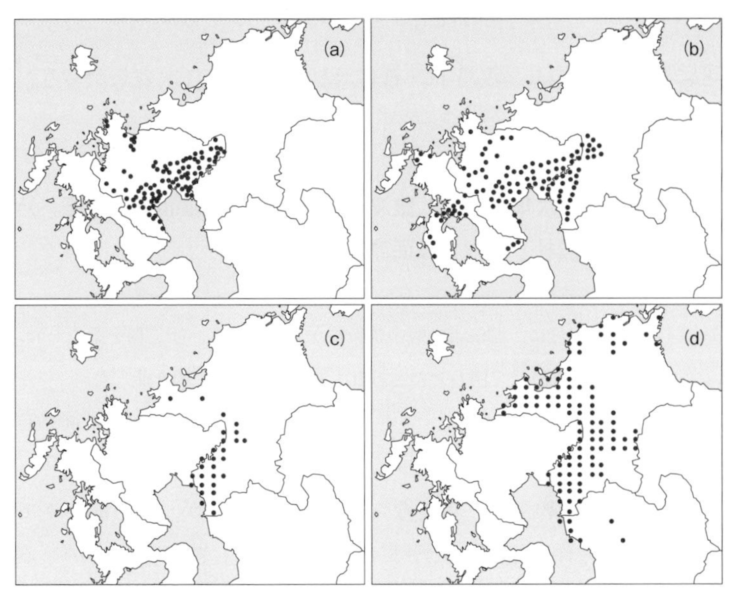

図 24-3　1940 年代以降のカササギ分布の変遷（江口 2016）（a）1948 年,（b）1966-1972 年,（c）1980 年まで,（d）1980 年以降

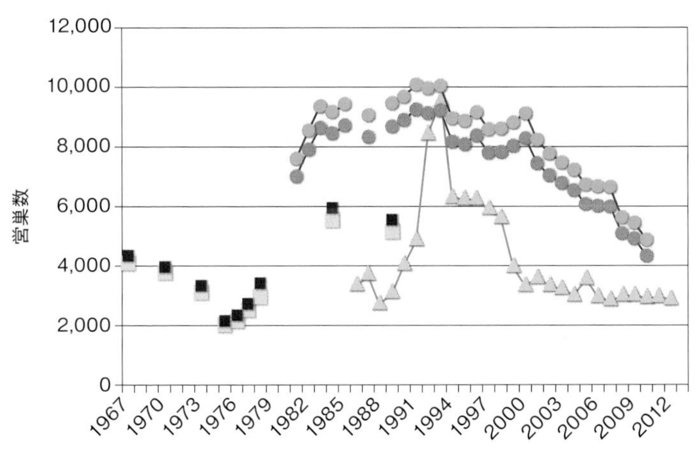

図 24-4　佐賀県と福岡県におけるカササギ営巣数の変遷（江口 2016）　四角（佐賀県）：一斉調査に基づく；天然記念物指定地内（黄），全域（赤）。丸（佐賀県）：九電資料に基づく；指定地内（茶），全域（緑）。三角（福岡県）：九電資料に基づく；指定地内（青）。

とになる。まずは，第33代・推古天皇紀（巻22）に次の条がある。

（推古天皇）六年夏四月。難波吉士磐金至自新羅而獻鵲二隻。乃俾養於難波杜。因以巣枝而産之。

（訳）六年四月に，難波吉士磐金は新羅から帰国して，鵲二羽を献上した。それを難波杜で飼わせたところ，枝に巣を作って卵を産んだ。

（宮澤463頁）

これはお土産の話だ。重要なことは，カササギが，放し飼い下でも簡単に巣を作り産卵した事実である。こうした潜在能力があると，野外でも容易に繁殖，定着することが予想されるからである。

（天武天皇14年5月26日）辛未。高向朝臣麻呂。都努朝臣牛飼等。至自新羅。乃學問僧觀常。靈觀。従至之。新羅王獻物。馬二疋。犬三頭。鸚鵡二隻。鵲二隻。及種種寶物。

（訳）二十六日に，高向朝臣麻呂・都努朝臣牛飼等が，新羅から帰朝した。留学していた学問僧観常・霊観がこれに従って帰朝した。新羅王の献上品は，馬二頭・犬三匹・鸚鵡二羽・鵲二羽及び種々の物があった。

（宮澤673頁）

こちらは献上品のほうだ。鳥類ではカササギの他にオウムも新羅から贈られてきている（207頁）。

閑話鳥題 24

鵲の渡せる橋に置く霜の

『日本書紀』の時代のカササギは献上品が主であって，カササギが九州北部に広がり始めたのが戦国時代以後だとすると，鎌倉初期にできた新古今集にある，あの有名な大伴家持の歌，**「鵲のわたせる橋に置く霜のしろきを見れば夜ぞ更けにける」**は何だったのだろうか？　家持は，カササギを見たことがあったのだろうか。残念ながら見たはずはなく，彼は彦星と織姫がカササギの羽を敷き詰めた橋を渡って逢瀬をしたという中国の七夕伝説から想像して，この歌を作ったそうだ。

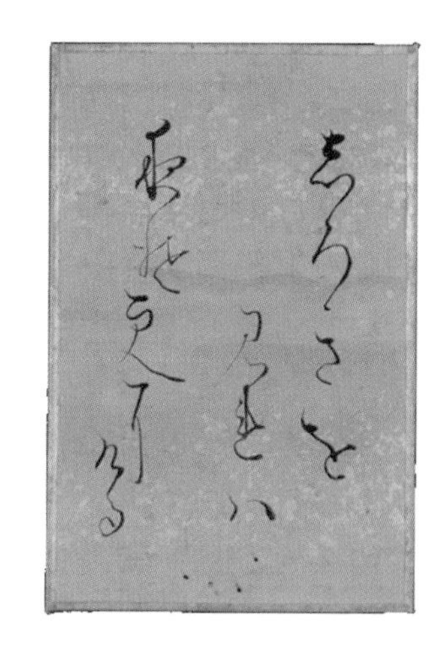

25章

斑鳩(イカル)――「斑鳩」は，なぜ「いかるが」か

イカルはアトリ科の鳥で，仲間には，アトリ，ヒワ，ウソ，マシコなどがいるが，それらの中では最も大きくずんぐりしていて，何といっても太いくちばしが特徴である（**図 25-1**）。このくちばしで口に大豆を含んで，くるくる回しては縦に割る習性から「豆回し」「豆割」と呼ばれる。鳴き声は「キーコーキー」と単調に繰り返す。

第 33 代・推古天皇（巻 22）は，聖徳太子を皇太子として，摂政にして国政のすべてを託した。聖徳太子が居住した宮を斑鳩宮，建立した寺は斑鳩寺と呼ばれ，これが後の法隆寺だ。

九年春二月。皇太子初興宮室于斑鳩。

（訳）九（六〇一）年の二月に，皇太子は初めて斑鳩(いかるが)に宮殿を建てられた。

（宮澤 464 頁）

図 25-1　イカル（全長 23cm）

冬十月。皇太子居斑鳩宮。

（訳）（十三年）十月に皇太子は斑鳩宮（いかるがのみや）に居住された。　（宮澤 470 頁）

鎌倉時代に法隆寺の僧顕真（けんしん）が書いた『古今目録抄』には「**鳥聚数万恒御居遊，其所造営，故曰斑鳩宮云々**」とあるから，あたりにはイカルが群居していたのだろう。

是歳。皇太子亦講法華經於岡本宮。天皇大喜之。播磨國水田百町施于皇太子。因以納于斑鳩寺。

（訳）この年に，皇太子はまた，『法華経』を岡本宮（おかもとのみや）（法起寺の前身）で講じられた。天皇は大いに喜ばれ，播磨国（はりまのくに）の水田百町を皇太子に与えられた。皇太子はそれを斑鳩寺（いかるがでら）に納められた。　（宮澤 471 頁）

「いかるが」という地名や寺名が，どのように鳥名の「イカル」と関係あるのかについては，ごく単純に「イカルがその辺りに多く住んでいたからだ」と片づけられることが多い。播磨の国揖保郡にも斑鳩村があり，もと法隆寺領鵤荘の跡で斑鳩寺と云うお寺もある。その名の起源について兵庫県揖保郡にある太子町立歴史資料館にお尋ねしたところ，奈良時代にはこの地域は「枚方里」「広山里」「播磨国佐西の地」と呼ばれており，「いかるが村」「いかるがの荘」「いかるが寺」と呼ばれるようになったのは平安時代以後であり，その場合でも使われた漢字は「鵤」だったという。どうもここが「いかるが」発祥の地ではないらしい。丹波の国何鹿郡については，丹波史に「此郡に斑鳩多し，故に此名起これるならん」とある。法隆寺の方もやはり何かこの鳥に関係があったのかも知れない。「今でも大和平野には此鳥が多い」そうだ（東 1935）。中勘助が書いた『鳥の物語』（1983）という本がある。雁，鳩，鶴，雲雀など12種類の鳥たちが王の御前に出ては語り出す『千夜一夜物語』のようなおとぎ話だが，この中に聖徳太子と話をする「イカル」がでてくる。

> 「ほかでもないがここにわしの宮をたてさせてもらいたい。おまえがたのだいじな遊び場の邪魔をしてすまんが」「邪魔のだんではございません。私どもこそお許しも得ずかようにお邪魔をさせていただいております」「いやいやおまえがたは先祖代々何百年何千年来ここへくる。さればこそ人びともいかるがの里とよびならわした。いわばおまえがたが天から授かった領地のようなもの，そこへ宮がたてたいと無理を頼むのじゃ」「お宮ができませばこれほど嬉しいことはございません。申すも憚りながら太子様と私どもとは深いご縁・・・・・・」「きいておる，きいておる。さればこそわしもここを選んだのである」「してそのお宮の名は」「いかるがの宮としようと思う」

この話は，上の説の典型なのだが，それではなぜ，そのあたりが「斑鳩」と呼ばれたのか説明がつかない。

それに対する説明は，(1)「地名が先にあって鳥名がそれに次いだ」と，(2)「鳥名が先にあって，地名がそれに次いだ」に大別できるようだ。地名が先の説は，さらに「アイヌ語起源説」と「梵語起源説」に分けられそうだ。

中村星湖（**図 25-2**）は，アイヌ語の「いかる」「いかり」は「山越え」の意味を持つから，大和の国は山越えをした里ではないかと推測している。さらに，ご丁寧にも，伊賀の国の「いが」も「伊賀越え」に通じるとして，ここから奈良の斑鳩の里の語源を考証したという。そして，辺りに多かった鳥に，この名が転用された。

次に，河口慧海（**図 25-3**）によると，梵語では，イカルガは「意志の純白を喜ぶ」の意味である。したがって，法隆寺の夢殿のあたりを「いかるがの里」と呼び，聖徳太子の住居が「いかるがの宮」だという。そして，これが辺りに多くいた鳥に転用された。

さて，イカルの鳴き声の方言を集めてみた中西悟堂（**図 25-4**）は，イカルコ，イカリコ，イカラコなどの方言がよく出てきて，後に終わりの「コ」を省略して，イカルの名が出たのではないかと類推している。しかして，この鳥が多く住んでいた辺りが「いかるがの里」と呼ばれるようになったという。

アイヌ語の話は，よくできた話ではあるが，すでに述べたようにワタリガラスのアイヌ伝説と同じで，奈良時代に古代人がアイヌとどのように交流していたのか不明である。

また，「斑鳩」はユーラシア大陸や台湾に広く分布し，中国名を「珠頸斑鳩」と呼ばれるジュズカケマダラバト *Streptopelia chinensis*（和名カノコバト）（**図 25-5**）であることが，江戸時代の本草学者小野蘭山の講義録『本草綱目啓蒙』巻 45 の「斑鳩」の項に「ジュズカケ

図 25-2　中村星湖

図 25-3　河口慧海

図 25-4　中西悟堂

バト」「ジュズバト」と載っていることからうかがわれ（小野蘭山 1992），彼はさらに「**斑鳩ヲ，イカルガト訓ズルハ非ナリ**」と断定している。では，誰が，どんな目的で「いかるが」を「斑鳩」と表記したのか。どうして「鳩」が「イカル」になるのか，「斑鳩（マダ

図 25-5　ジュズカケマダラバト *Streptopelia chinensis*（Cockburn 1858 より　提供：アフロ）

ラバト）」がどうして「イカルガ」と読めるのかを推理してみよう。

現在の法隆寺のあたりが「伊柯屢餓」と呼ばれていたことは間違いない。このあたりを本貫していた豪族膳臣（13章に登場した磐鹿六鴈は遠祖である）は，別名を彼の領地を示す「膳臣斑鳩」と称したことが雄略紀8年の条にある（宮澤306頁）。日本書紀には「斑鳩」は全部で6回出てくるが，これが初出である。ただし，この時代には誰もこの「斑鳩」という字を読める者はいなかったようで，編纂者は原文で**「斑鳩，此云伊柯屢餓」**と読み方をわざわざ注記している。

この「斑鳩」が実際に使われるようになったのは，後になってからだと思われる。その理由は，2014 年の「法隆寺補修工事」で北室院の庫裏下から「斑鳩寺」ではなく，「鵤寺」と墨書きされた土器が出土したことによる。ここでは，仮に漢字表記が「鵤（いかるが）」であったとして話を進めよう。そうであったなら，先述の「膳臣斑鳩」は書紀に現れる前は「膳臣鵤」であったに相違ない。「膳臣鵤」の家臣（？）に「膳部傾子」（膳臣賀柁夫）という男がいる。彼は聖徳太子と共に物部守屋軍を追討した功労者の一人だが，傾子の娘膳部大郎女（菩岐々美郎女）は何と聖徳太子が最も愛した第 4 妃で（梅原 2014b），その妹比里古郎女は太子の弟，来目皇子の妃なのである。太子のお寺を「鵤寺」としたり，住まいを「鵤宮」など，「鵤＝膳」を連想させる名前を娘婿の太子の住まいのまわりにベタベタつけるのは，はばかられたことだろう。あるいは，それは膳部賀柁夫の勢力拡大を喜ばない蘇我馬子の差し金であったかもしれない。

周りを見渡すと，たくさんいた帰化人が飼い鳥として半島から連れて来ていた「珠頸斑鳩（ジュズカケマダラバト）」がいた。「これだ！　鵤寺の境内には鳩も多数いるではないか。膳臣鵤一族と無関係に見えるところが一番いい」。こうして「当て字」の「斑鳩」が「目くらまし」として誕生したのではなかろうか。これは娘と婿を自分の領地内に住まわせることに，まんまと成功した膳部賀柁夫が，文字通り「名を捨て，実を取ったという説」である。「飛鳥京」から「副都心・いかるが」への住み替えは，従来地勢学的理由から説明されることが多いが，それも案外考えすぎで，単純に膳部賀柁夫が「娘夫婦と領地に住みたい」から「斑鳩招致」をしただけのことかもしれない。皇室へ娘を嫁がせ，天皇の外戚として権力の座を上り詰めるやりかたは，蘇我氏や藤原氏，下っては平清盛などの専売特許かと思ってきたが，膳臣一族もなかなかやるものである。それがあまり知られていないのは，「斑鳩･目くらまし戦略」が功を奏したためだろうか。

この説には，まだおまけがある。地名研究家の池田末則は『奈良県史 14 地名――地名伝承の研究』のなかで，「イカルは一名ジュズカケともいう」と書いている。「珠頸斑鳩　ジュズカケ / マダラバト」はその名の後半部を「斑鳩」という「地名」に，前半部を「イカルの別名」として「鳥名」に使われ尽くしたのだろうか。イカルを「ジュズカケ」と呼ぶ根拠はこれしか思い浮かばない。以上はまったく一鳥類研究者の妄想だが専門家のご検討を乞いたいものだ。

閑話鳥題 25
斑鳩の里

聖徳太子によって建造・建立された斑鳩宮と斑鳩の寺。これらは聖徳太子の長子で，有力な天皇候補の一人であった山背大兄王に引き継がれた。大兄王はこの地で将来の構想を練り，描いていたのであろう。

しかし，その夢や幸福の実現は，一人の男の手によって粉砕されたのである。その男とは蘇我入鹿である。入鹿の策謀により，山背大兄王は斑鳩宮を焼かれ，いったんは山に避難した。その後，斑鳩寺に住居を定めた。しかし，入鹿による攻撃は続く。山背大兄王は

「私が兵を起こして入鹿を討伐すれば必ず勝つだろう。しかしながら私一身のために，万民を殺傷することは欲しない。したがって私一つの身を入鹿に与える。」と決意した。彼のこの決意は，父聖徳太子が信じた「金光明経」の「投身餓虎」の心境だったのかもしれない

こうして斑鳩寺は，山背大兄王一族20数名全滅という悲劇の場となってしまったのである。聖徳太子の輝く不滅の業績と，山背大兄王一族の凄惨な結末。斑鳩の地は，まさに“英雄の地”とでも言いたくなるようなところである。田辺忍さんによる「斑鳩臨場」と題する本書裏表紙の和紙貼り絵は，聖徳太子の叔母・推古天皇のイメージをよく表現している。

26章

休留・茅鴟(ふくろう)——四方八方を見通せるフクロウは知恵者

第35代・皇極天皇紀（巻24）と第39代・天武天皇紀（巻29）にフクロウが出てくる。

三月。休留休留。鴟也。茅産子於豐浦大臣大津宅倉。

（訳）三月に，休留(いいどよ)［休留はふくろうである］が豊浦大臣(とゆらのおおおみ)（蝦夷(えみし)）の大津(おおつ)の家の倉に子を生んだ。（宮澤521頁）

ヨーロッパには，「ナヤ（納屋）フクロウ（Barn Owl）」（メンフクロウとも呼ばれる）という種類がいるが（**図26-3**），国が違っても，同じようなところ（倉）で繁殖するのが面白い。

図 26-1　フクロウ（全長 50cm）

図 26-2　シマフフクロウ（全長 63-69cm）

壬午。伊勢國貢白茅鴟。

（訳）十六日に，伊勢の国が白い茅鴟（いいどよ）（ふくろう）を献上した。

（宮澤 658 頁）

こちらは，例によって瑞兆の献上品だ。読みは両者とも「いいどよ」であるが，前者は「休留」，後者は「茅鴟」があてられている。

フクロウと呼ばれる鳥は，わが国ではシロフクロウ，シマフクロウ，フクロウ（**図 26-1**），キンメフクロウの 4 種ある。このうち，シマフクロウだけには「耳羽」があるから，「シマズク」と呼ばれるべきかもしれない（**図 26-2**）。この伝で行くと，「アオバズク」は「アオバフクロウ」か（127 頁）。

フクロウは「知恵の神様」と言われ，人間の顔のように，両眼が前向きについているのが特徴だ。また夜行性で完全な暗闇を動き回

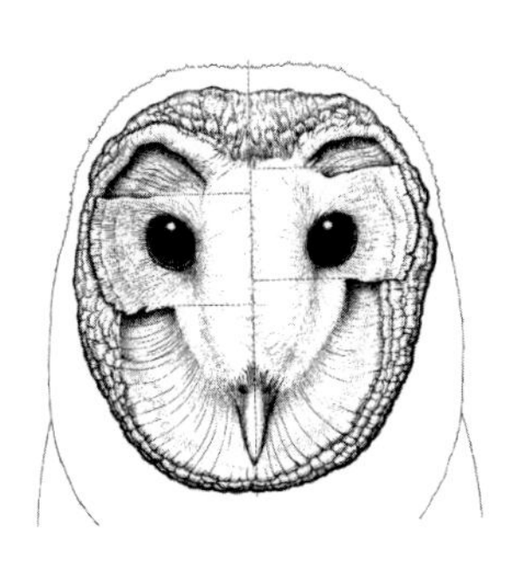

図 26-3　メンフクロウの顔（Knudsen 1981）

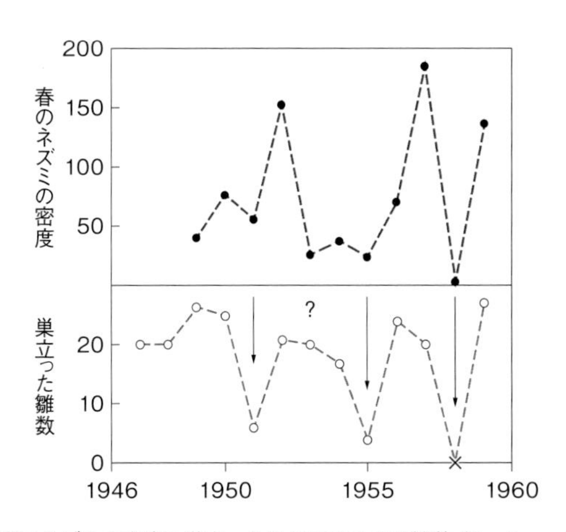

図 26-4　春のネズミの密度と巣立ったモリフクロウの雛数（Southern 1970 改変）

るネズミなどを捕獲するのも特徴だ。実は，この二つの特徴は結びついている。

メンフクロウの人のようなハート形の顔は完全な左右対称ではない。左側の耳は右側より高い位置にあり，水平面（頭部の周囲に広がる地面と平行な面）より下方から発せられる音がよく聞こえる。一方，低い位置にある右側の耳は，水平面より上方から発せられる音がよく聞こえる。このような非対称な構造によって，左右の耳へ音が到着するわずかな時間の差が生じるため，メンフクロウは音源の位置を暗闇でも正確に特定できるのである（**図 26-3**）。

こういった能力を使って，モリフクロウは餌のネズミを捕らえるが，イギリスでの調査結果では，ネズミの密度が低い年には，巣立させる雛の数が少なくなる（**図 26-4**）。フクロウがいかにネズミに頼った生活をしているかがよくわかる。

閑話鳥題 26

知恵の神様

フクロウは知恵の神様とされているが，それはローマ神話の詩や医学などを司る女神ミネルヴァに付き従っているのがフクロウであることから，フクロウにもまた同じ神力があると考えられたという。

また，ギリシャ神話では，知恵や戦略を司る女神，アテナにしたがっているのがフクロウで，フクロウの加護があると賢くなるという言い伝えがある。

フクロウは，首が360度廻り（実際は270度位），周りがことごとく見渡せることから世の中が見えて賢いとされる。さらに，本文に見るように夜でも，エコロケーションで餌をとることができ，暗闇の中でも周りが見える賢い鳥だと考えられたらしい。

27章

雉（キジ）——「天に赤い気」はオーロラか？

キジは昔話の桃太郎の家来としてよく知られている。雄は翼と尾羽を除く体色が全体的に美しい緑色をしており，頭部の羽毛は青緑色で，目の周りに赤い特徴的な肉垂を持つ。雌は雄より地味な色をしていてやや小さい（**図27-1**）。このように性的二型が発達している動物は一夫多妻になる傾向があるが，本種も例外ではない。雄は強く羽ばたいて「ケーン，ケーン」と鳴いて雌を呼ぶ。食性は主に植物食である。

第35代・皇極天皇紀（巻24）に

烏智可拖能。阿姿努能枳々始騰余謀作儒。倭例播禰始柯騰。比騰曾騰余謀須。

（読み）遠方（おちかた）の　浅野（あさの）の雉（きぎし）　響（とよも）さず　我（われ）は寝しかど　人そ響（とよも）す

図 27-1　キジ（全長 メス 60cm，オス 80cm）

（訳）遠方の，浅野の雉は鳴きながら飛ぶが，私たちは声を立てないでこっそりと寝たのに，人が見つけてやかましく騒ぎ立てる

（宮澤 524 頁）

とあるので，キジが鳴きながら「ケーン・ケーン」と鳴くのを知っていたようだ。浅野は兵庫県淡路市の地名であり，旧津名郡浅野村である。また，鶏の章でも，「雉が鳴きたてる」有様が歌に詠まれている（10 頁）。キジは奈良時代から「きじ」「きぎし」の名で知られる。「きじ」の語源は「きぎし」が約まったもので，「きぎし」「きぎす」の語源は，「きぎ」は鳴き声，「す」は鳥を表す接尾語であるという説が有力である（大言海など）。

第 33 代・推古天皇紀（巻 22）28 年に次のような記述がある。

十二月庚寅朔。天有赤氣。長一丈餘。形似雉尾。

（訳）十二月一日に，天に赤い気が現れた。長さは一丈（約三メートル），形は雉（きじ）の尾のようであった。（宮澤 482 頁）

「赤氣」とは，国立極地研究所・国文学研究資料館・総合研究大学院大学の研究によれば「扇形オーロラ」だとされ（片岡ほか 2020），その形からキジのディスプレイを連想したものだろう。後述するように（**図 27-3**），この連想は正しいようだ。ちなみに，明和 7 年 7 月（1770 年 9 月）には，史上最大規模の磁気嵐が起こり日本でも至る所でオーロラが目撃されていて，寿量庵秀尹という人が書いた彗星の解説書『星解』には，京都の北の方角に放射状に広がるオーロラが書かれている（片岡ほか 2020　**図 27-2**）。確かに，いかにも広げたキジの尾羽のようだ。

キジの長い尾羽は，雌への求愛に使われるらしい。**図 27-3** は，ニワトリを含むキジの仲間の求愛行動を示したものだが，いずれも尻を上げて地面をつつくような動作をしている（ニワトリの場合だけ実際につつく）。これは，儀式化と呼ばれ，もとは，地面に落ちている餌をつついて食べる動作から，餌のありかを雌にくちばしで示す行動に転じ，それが求愛行動に変じた（転移行動）と考えられている。さらに，クジャクでは尾を巨大な扇子のように広げて求愛するが，その際にくちばしは下方へ向けるだけである。これらの種が，同じ仲間であることは，すでに「2．鶏」で示した通りである（12 頁**図 2-4**）。なお，クジャクについては 23 章ですでに述べた通りだ。

『日本書紀』では，キジについては，このほか形態や生態についての記述はなく，もっぱら瑞祥としての白化個体の話ばかりである。孝徳天皇の白雉（はくち）元年には以下の記述がある。

図 27-2　江戸時代の天文解説書『星解』に描かれたオーローラ（写真：三重県松阪市のご厚意による）。

白雉元年春正月辛丑朔。車駕幸味經宮觀賀正禮。味經。此云阿膩賦。是日車駕還宮。〇二月庚午朔戊寅。穴戸國司草壁連醜經獻白雉曰。國造首之同族贄。正月九日於麻山獲焉。於是問諸百濟君。百濟君曰。後漢明帝永平十一年。白雉在所見焉云々。又問沙門等。沙門等對曰。耳所未聞。目所未覩。宜赦天下使悅民心。

（訳）白雉（はくち）元年の正月一日に，天皇は味経宮（あじふのみや）に行幸され，賀正の礼にご臨席になった。この日に天皇は，宮殿にお帰りになられた。二月九日に，穴戸（あなと）国司草壁連醜経（くさかべのむらじしこふ）が白雉（しろきぎし）を献上して，「国造首（くにのみやつこのおびと）の一族の贄（にえ）が，正月

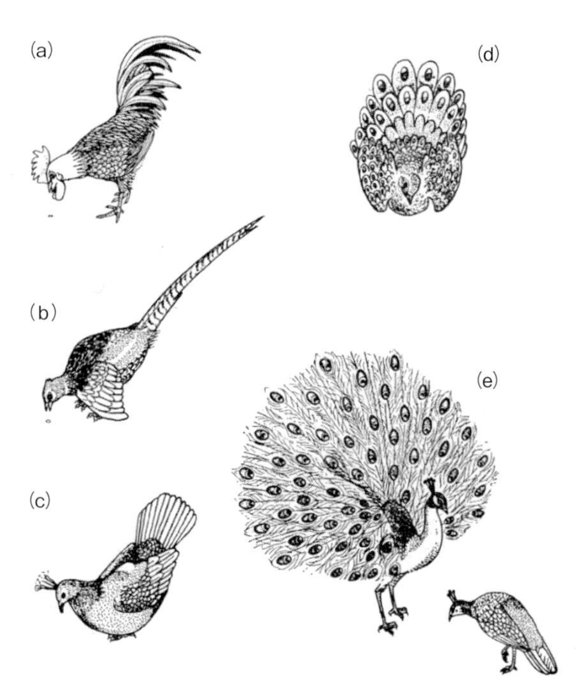

図 27-3 地上で採餌するキジ科の鳥のディスプレイの起源と儀式化
a ヤケイ，b コウライキジ，c ニジキジ，d コクジャク，e クジャク（Cullen 1972 を改変）

九日に麻山（おのやま）で捕獲しました。」と申し上げた。百済君豊璋（くだらのきみほうしょう）にお尋ねになられたところ，百済君は，「後漢の明帝（めいてい）の永平（えいへい）十一年に，白雉が所々に見えたと言います。」と申し上げた。また，僧旻（みん）等にお尋ねになったところ，僧は「今まで，聞いたことも見たこともありません。天下に恩赦（おんしゃ）を行われて，人民の心を喜ばせるのがよろしいでしょう。」とお答え申し上げた。（宮澤 561 頁）

さらに，僧旻（みん）法師は次のように続ける。

此謂休祥。足爲希物。伏聞。王者旁流四表。則白雉見。又王者祭祀不相踰。宴食衣服有節則至。又王者清素則山出白雉。又王者仁聖則見。（中略）四人代執雉輿而進殿前。時左右大臣就執輿前頭。伊勢王。三國公麻呂。倉臣小屎。執輿後頭置於御座之前。天皇卽召皇太子共執而觀。皇太子退而再拜。使巨勢大臣奉賀曰。公卿百官人等奉賀。陛下以清平之德治天下之故。爰有白雉。自西方出。乃是陛下及至千秋萬歳。淨治四方大八嶋。公卿百官及諸百姓等。冀罄忠誠勤將事。奉賀訖再拜。詔曰。聖王出世治天下時。天則應之。示其祥瑞。曩者西土之君。周成王世與漢明帝時。白雉爰見。我日本國譽田天皇之世。白烏樔宮。大鷦鷯帝之時。龍馬西見。是以自古迄今。祥瑞時見。以應有德。其類多矣。所謂鳳凰。騏驎。白雉。白烏。若斯鳥獸及于草木有苻應者。皆是天地所生休祥。嘉瑞也。

（訳）「これは吉祥とも言うべき，たいそう珍しいものです。伏して聞いておりますには，王者の政治が四方にあまねく流布する時は，白雉が現れる。また王者の祭祀が誤ることなく，宴食や衣服に節度がある時は，やはり現れる。また，王者が潔白で質素である時には，山に白雉が出る。また，王者に人徳があり，聖人である時にはやはり現れる。（中略）四人に交代させて雉の輿を持って，宮殿の前に進ませた。そうして今度は，左右大臣が輿の前部を持ち，伊勢王（いせのおおきみ）・三国公麻呂（みくにのきみまろ）・倉臣小屎（くらのおみおくそ）が後部を持って，玉座の前に置いた。天皇は皇太子を召して，共に雉を手にとってご覧になられた。皇太子は退いて再拝し，巨勢大臣（こせのおおおみ）に賀詞（よごと）を奏上させて，「公卿・百官の者等は，ここにお喜び申し述べます。陛下は清く穏やかな徳をもって天下を治められますがゆえに，ここに白雉が西方より出現いたしました。これにより，陛下には千年万年に至るまで，清らかに四方の大八島を治めていただき，公卿・百官及び諸々の人民らは忠誠をつくし，お仕えしたいと願っています。」と申し上げた。賀詞の奏上が終わると，再拝した。天皇は詔して，「聖王が世に出て，天下を治める時に，天は応えて祥瑞を示す。昔，西土の君である周の成王の世と漢の明帝の時とに白雉が現れた。わが日本国の応神天皇の御世に，白烏が宮殿に巣を作った。仁徳天皇の時に，竜馬が西に現れた。このように古来から今まで，瑞祥が現れて，有徳の君に応えるという例は多い。いわゆる鳳凰・麒麟・白雉・白烏，このように鳥獣から草木にいたるまで，符応はみな天地の生み出す吉祥，嘉瑞である。」

（宮澤 562-563 頁）

このように臣下の者たちは天皇を「よいしょ」して自らも天皇を支える決意表明をし，天皇自身も自画自賛し，孝徳天皇は以下のように元号まで変えてしまうのである。

四方諸國郡等。由天委付之故。朕摠臨而御寓。今我親神祖之所知。穴戸國中。有此嘉瑞。所以大赦天下。改元・白雉。

（訳）「四方の諸国郡等は，天の委託を受けて，私が統治している。今，我が親愛なる祖先神のお治めになる穴戸国のうちに，この祥瑞が現れた。このゆえに，天下に大赦を行い，白雉元年と改める。」

（宮澤 564 頁）

ともかく，孝徳天皇は白いキジが大変好きだったようだ。

昭和の初めごろ，日本鳥学会で白化個体の標本の展示会を開催したことがあるが，その時集まった標本は，スズメ，タシギ，シマツ（ジュウシマツのことか？），キジ，ヤマドリ，ヒヨドリ，メジロ，ホオジロ，カシラダカ，イスカ，クイナ，オシドリ，マガン，コガモ，セグロセキレイ，ツグミ，コムクドリ，タイワンキンパラ，モズ，ヒバリの20種に及んだという（内田 1935）。これらの中でも，特によく見受けられるものは，キジ，ヤマドリ，ツバメ，ヒヨドリだったというから，『日本書紀』にも，これらの白化個体の話がよく登場したわけだ。

さて，1947年にキジは国鳥に指定された。そのいきさつを高島春夫は翌年発行の『野鳥』誌に以下のように書いている（高島 1948）。

「昭和22年から4月10日を愛鳥日と定め，此の日を中心に野鳥愛護に関わりある色々の催しをすることになったが，それに関連して，愛鳥の旗じるしとして，国華のサクラにも比すべき国鳥選定の議が持ち上がり，同月3月22日の日本鳥学会第81回例会の席上，内田（清之助）会頭は出席者に何をそれと定めるべきかと諮られた。言下に黒田（長禮）博士はそれはキジ及びヤマドリの範囲内で詮衡されたいと述べた（中略）。鷹司（信輔）博士次に起って，国鳥にはキジを推したいとその理由を述べた（中略）。色々と意見が出た後に決を採ったら大多数でキジと決した。私はキジよりもヤマドリのはう（ママ）が宣からんと考え，ヤマドリに挙手したものだがどうしたものか他に同志見当たらず少数否決になった。（（　）は山岸）」

と書き始め，キジでなくてはならぬ理由が続いて6つ挙げられている。そのうちの1)，5)，6) が重要だと思われるので，それを書いておく。

1)「終戦後の日本に見る野鳥は総べて520種及び亜種で，キジとヤマドリのみが固有種として日本の象徴者になっている。」5)「日本人には古くから関係が深い。『古事記』『日本書紀』といった本邦最古の文献にすでにキギシの名で現れている。」6)「焼野のキギス夜のツルの諺のごとく，母性愛の象徴のように言われている。」というのだ。1) はヤマドリも該当するので，キジでなくてはならない理由としては不十分だ。5) は，『日本書紀』が出てくるのはうれしいが，すでに見たようにヤマドリも出てくるし，本書に見るように，出てくる鳥は他にもたくさんある。そうなると6) の「母性愛」しか残らないが，現在なら，「父性愛」はないのか，「ジェンダー・ギャップ」だと騒がれそうな気もする。実のところは，あまり理由にならない3) の「雄は姿態優美で羽彩美しく」しか理由としては見当たらない気がする。

いずれにせよ，キジが国鳥になったと聞けば，孝徳天皇はさぞ喜ぶに違いない。また神代（下）で，雉は天稚彦（あめわかひこ）の様子を伺わせるために高皇産尊（たかみむすひのみこと）が遣わした使者だが，天稚彦はこの使者を射殺した矢に射抜かれて自らの命を落とすことになる（宮澤 50頁）。雉は彼の葬儀（本書 9頁）の引き金になった鳥だが，「還矢（かえしや）恐るべし」（還矢はきっと当たる）や「雉の頓使（きぎしのひたづかい）」（行ったきり帰ってこない使者）という諺の語源はここにあるという（福永 2003）。

閑話鳥題 27

鳴かずば雉も射られざらまし

推古天皇の時代，淀川に長柄橋を架けることになったが，難工事で人柱を立てることにした。垂水（現在の吹田市付近）の長者・巌氏（いわうじ）に相談したところ，巌氏は「袴（はかま）に継ぎのある人を人柱にするといい」と答えた。皮肉にも，巌氏自身が継ぎのある袴をはいていたため，巌氏が人柱にされた。巌氏の娘はショックで口をきかなくなった。北河内に嫁いだが，一言も口を利かないので実家に帰されることになった。夫とともに垂水に向かっている途中，禁野（しめの）の里（現在の枚方市付近）にさしかかると一羽の雉が声を上げて飛び立ったので，夫は雉を射止めた。それを見た巌氏の娘は**「物いわじ父は長柄の橋柱　鳴かずば雉も射られざらまし」**と詠んだ。妻が口を利けたことを喜んだ夫は，妻を連れて北河内に戻り，幸せに暮らしたという話だ。この長柄人柱伝説は，「口は災いのもと」という意味のことわざの由来とされている。

天皇の御鷹場は「禁野」あるいは「標野（しめの）」と呼ばれ，古くて有名なのが，桓武天皇が猟をして以来「禁猟地」となった枚方市辺りだったのだろう。『三内口決』に「鳥とは雉の事候禁野片野名物候」とあるから，禁野にはキジが多数繁殖していたに違いない。

28章

鸚鵡（おうむ）——新羅からの容姿端麗な人質が届けた鳥

第36代・孝徳天皇紀（巻25）に鸚鵡に係る以下の記述がある。

新羅遣上臣大阿湌金春秋等。送博士小德高向黑麻呂・小山中中臣連押熊。來獻孔雀一隻。鸚鵡一隻。仍以春秋爲質。春秋美姿顏善談咲。

（訳）新羅（しらぎ）が，上臣大阿湌金春秋（まかりだろだいあさんこんしんじゅう）（後の武烈王）等を派遣して，博士小德高向黑麻呂・小山中中臣連押熊（はかせしょうとくたかむくのくろまろしょうせんちゅうなかとみのむらじおしくま）を送り届け，孔雀（くじゃく）一羽・鸚鵡（おうむ）一羽を献上した。こうして春秋を人質とした。春秋は容姿が美しく，よく談笑した。（宮澤556頁）

この時代の新羅は，唐からの遠征を撃退したことで勢いに乗る高句麗と，伽耶地方を80年ぶりに新羅から奪回した百済からの圧迫

図 28-1 オオバタン（全長 40-50cm）（水谷高英 画）

により困っていた。そこで，新羅は隣国の支援を求めて，王族の金春秋を日本に人質として派遣した。金春秋は容姿端麗だったようで，その後，唐との外交を巧みに切り抜け百済を滅ぼすわけだが，この訪問の際はあまり成果を挙げることはできなかったようだ。その時のお土産品の一つに，オウムが含まれていた。

オウムは，知られるように目立つ冠羽と，頑丈で曲がったくちばしが特徴である。その分布地は，インドネシア諸島，ニューギニア島，ソロモン諸島からオーストラリアに及ぶオーストラレーシアであるから，わが国には生息せず，とても珍しいものだったであろう。もちろん新羅に生息したわけでもなく，新羅も南の国から輸入していたのだろう。オウム目・オウム科に属する 21 種の総称なので，記述からでは，とてもどの種かは想像すらつかない。ここでは，ペットショップでよく見かけるオオバタンの画を上げておく

(**図28-1**)。クジャクがあの見事な尾羽が珍しがられたのに対し(172頁),オウムは人の言葉の真似がうまいということが献上品になった大きな理由であろう。

「鸚鵡(おうむ)返し」という言葉がある。オウムが人の真似をしてしゃべることを指している。しかし,オウムは野外では人語はもちろん,他種の鳥の鳴き声の真似をすることもほとんどない。籠に入れられて単独で飼われている鳥だけが,人のいない時や,人が部屋を出て行った直後に人語を喋りだすことが多い。どうも人間をつがい相手とみなして,社会的接触を保とうとしているように見える。

ところで,音声を巧みに発する動物は,ひれを持つ魚や鯨,翼を持つ昆虫や鳥のように,水中や空中を自由自在に動くことができるものが多いという(ルロア/稲垣ほか訳 1983)。

地上を動く普通の哺乳類は,もっぱら臭覚や視覚に頼っており,音を立てることはむしろ禁物とされる。敵に発見されやすくなるからだ。そのせいか,樹上生活を満喫しているサルも,音声は学習しない。そしてボーカル・ミミクリー(音声模写)によって音声を学習するのは鳥と人だけのようだ(鈴木ほか 1975)。

ヒトの祖先がまだ樹上で生活するサルであったころ,彼らは魅惑的な鳥のさえずりを真似ることができなかった。森の音声世界を支配するのはあくまでも鳥たちだったのだ(鈴木ほか 1975)。だが,木から降りてヒトとなった彼らを草原で迎えたものは,単調な昆虫の鳴き声だけだった。そこで,寂しさに襲われた彼らが,鳥の鳴き声を懐かしく思い,真似てみたとは考えられないか。すでにこの時点で,ヒトは直立しており,気道が直角に曲がったために複雑な音声を発せられるようになっていた。そう考えると,ある種の鳥が人の言葉を真似ることができるのも不思議ではないだろう。

いずれにしても,鳴く野鳥のすべてが,籠の中で人語を真似るわけではない。オウムなどは，やはり例外なのだ。鳥類は口唇がなく，舌も一般に硬くて細いため，複雑な音は出せない。ところが，オウムの舌は厚く，肉質なので，人語を真似る秘密はここにあるのかもしれない。

それにしても，人語を真似る哺乳類は皆無なのに，一部の鳥類では可能であるというのは，多くの鳥類がつがいを守るのに対し，哺乳類は恒常的なつがいを守らないということと関係あるかもしれない。

中国の『礼記』に，「鸚鵡よく言えども飛鳥を離れず」（オウムは人間の言葉を真似てうまく話すが，やはり鳥でしかない。口だけは立派なことを言うが，行動を伴わない）という諺もある。これはオウムたちがただ機械的に人語を真似ていることを前提にしている。最近，シジュウカラ類で，彼らの鳴き声には「基本語」があり，時にそれを組み合わせて「文章」も作っているという研究もあるから（Suzuki *et al*. 2017），単なる「鸚鵡返し」ではなく，状況に応じて言葉を使い分けているのかもしれない。

さて，第39代・天武天皇紀（巻29）にもすでに182頁でみたようにオウムが出てくる。

（天武天皇14年5月26日）辛未。高向朝臣麻呂。都努朝臣牛飼等。至自新羅。乃學問僧觀常。靈觀。從至之。新羅王獻物。馬二匹。犬三頭。鸚鵡二隻。鵲二隻。及種種寶物。

（訳）二十六日に，高向朝臣麻呂・都努朝臣牛飼等が，新羅から帰朝した。留学していた学問僧観常・霊観がこれに従って帰朝した。新羅王の献上品は，馬二頭・犬三匹・鸚鵡二羽・鵲二羽及び種々の物があった。

（宮澤 673 頁）

高向朝臣麻呂と都努朝臣牛飼は，この前年，天武天皇 13 年に第 6 回「遣新羅使」として，新羅の神文王へ遣わされた。彼らが帰国する際に新羅王が託した献上品の中にオウムやカササギが含まれていたのである。カササギについては，鵲の章（24 章）で述べた通りである。第 1 回遣新羅使は，668 年に天智天皇によってはじめられたが，それは唐の進出により百済が滅亡し，白村江の戦いにより唐との関係が悪化したからである。唐からの圧力が強まって，危機感を覚えた新羅と我が国の利害が一致し，仁明天皇時代の 836 年まで，28 回の使節が派遣された。

閑話鳥題 28

オウムとインコの違い

両方ともオウム目の鳥だが，オウムはオウム科，インコはインコ科に属する。簡単に言えば，オウムには羽冠があるが，インコにはない。大きさもオウム類の方が一般に大きく，オウムは体長 40 ～ 60cm 程度と腕にのせるほどの大型の種類が多く，インコは指に乗せるような体長 15 ～ 30cm 程度の小型の種類が多い。オウムは黒や白の単色で地味である。インコは青や黄色や紫色など派手な色彩をしている。オカメインコやモモイロインコはインコという名がついているのに，オウム科である。普段，羽冠は伏せているが，驚いたり怒ったりすると立てる。

インコは世界におよそ330種いるが，最も親しまれて飼育されているのはセキセイインコであろう。オウム同様ヒトの言葉を真似し，100語発語したのが最高記録だそうだ。また，東京を中心にワカケホンセイインコが大群で野生化している。

ワカケホンセイインコ（全長40cm）
（水谷高英 画）

29章

鴛鴦（オシドリ）——あやしくなってきた「鴛鴦の契り」

第36代・孝徳天皇紀（巻25）5（649）年3月に，皇太子（中大兄皇子）の妃蘇我造媛（そがのみやつこひめ）は，父の大臣（蘇我倉山田麻呂）が物部二田造塩（もののべふたつのみやつこしお）に斬られたと聞き，傷心して悲しみ嘆いた。そして塩という名を口にすることを忌み，呼称を改めて堅塩（きたし）と言った。造媛は，心痛のあまりついには死に至った。その時に野中川原史満（のなかのかわらのふびとみつ）が，進み出て歌を皇太子に送った。

耶麻鵝播爾。烏志（をし）賦拕都威底。陀虞毗預倶。陀虞陛屢伊慕乎。多例柯威爾雞武。

（読み）山川に　烏志（をし）ふたつ居（い）て　偶（たぐ）いよく　偶（たぐ）える妹（いも）を　誰か率（い）にけむ

（訳）山川に鴛鴦（おしどり）が二羽いて，仲良く連れ添っているが，そのような最愛の妻を，いったい誰が連れ去ったのでしょうか。　（宮澤560頁）

図 29-1　オシドリ（全長 41-47cm）

オシドリは「をし」または「をしどり」の名で奈良時代から知られている。「をし」の語源は『日本釋名』に「此鳥雌雄相をもひて，いと**をし**みふかき故名づく，上下を略せり」とある。雄の全身は多彩な羽で覆われとにかく「美しい」の一語に尽きる。特に，最外三列風切羽が銀杏形に大きく変形し橙色をしているのが特徴だ。それに対し雌は地味で，全身が灰褐色で腹部には白い玉模様が入っている（**図 29-1**）。一目でつがいとわかる，こうした雌雄の二羽が寄り添っている姿は上の歌にも詠まれたように「鴛鴦（オシドリ）夫婦」の名にふさわしい。

この鳥は中国東北部，朝鮮半島，沿海州，サハリン，北海道や中部地方以北で繁殖し，日本では，本州以南の森林に囲まれた湖沼，ダム，渓流などで越冬するものが多い。秋から冬にかけては，カモ類では珍しく，ドングリなどの堅果を好んで食べる。

求愛行動は秋に始まり，越冬地か，または繁殖地に向かう春の渡

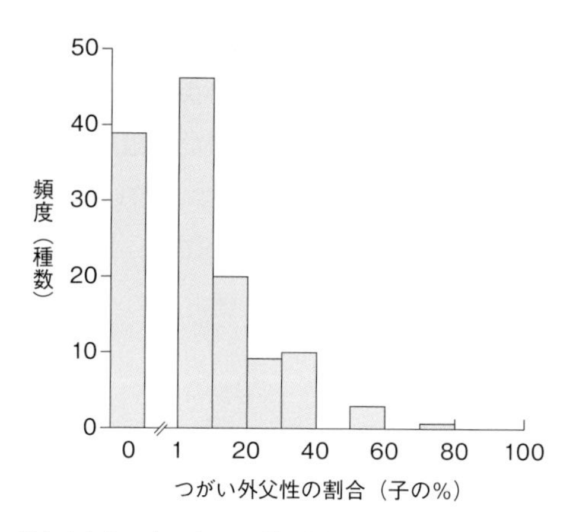

図 29-2　DNA 判定された一夫一妻 130 種の鳥類のうち，約 70% の種類で他の雄の子供が混じっていた（Griffith *et al*. 2002）

りの時期に，つがいが形成される。卵は10個内外産まれ，1か月ぐらい抱卵すると孵化する。北海道で行われた研究では，巣はハルニレ，セイヨウハコヤナギ，ヤチダモの大木の2～20mの高さの樹洞に造られ，午前中に雛たちは巣の入り口から飛び降りるというよりは，ボトリ・ボトリと落ちるように巣立ち，雌親に連れられて直ちに水辺（遠い場合で300m）に移動する（新田・早川 2013）。

「鴛鴦（エンオウ）の契り」などと，仲の良い夫婦の見本のようにいわれているが，その内情を調べた研究者は未だいない。雌雄が育てている雛たちが，その夫婦の本当の子供かどうかは，モズの章ですでに書いたようにDNA鑑定で簡単に判定される（156頁）。これまでDNAで判定された一夫一妻の鳥類では，メジロなど約40%の種類を除いてほとんどの種で，子育てしている雄以外の子供が，程度の差こそあれ交じっていることが実証されている（**図 29-2**）。オシドリでも調べてみれば，「鴛鴦の契り」も怪しくなるかもしれない。東光弘が「かく迄に古人を盲信せしめた彼等の夫婦愛なるものは果たしてどの程度迄信ずべきものか。我らは科學的冷眼を以て今一應これを確かめる必要があらうと思ふ（東 1935）。」と書いてから86年も経過しているのに，オシドリの貞節さについては，まだわからないのである。

閑話鳥題 29 鴛鴦之契（えんおうのちぎり）

鴛（えん）はオシドリの雄，鴦（おう）は雌のこと。4世紀中国東晋の干宝（かんぽう）という人物が書いた『捜神記（そうじんき）』に，以下のような話が載っている。

宋の康王（こうおう）の臣下であった韓憑（かんぴょう）が妻を王に奪われ，憤激のあまり，葬ってくれと遺書を残して自殺した。妻もまた葬ってくれと遺書を残して自殺した。王は意地悪く離ればなれに向かい合わせて墓を作ったところ，一晩で梓（あずさ）の木（非常に硬く弓の材になった）が両方の墓から生え，十日もすると枝が連なり根がからみあい，ひとつがいのオシドリが棲みついて朝夕去らず，悲しい声で鳴いていて，その仲睦まじさに人々は心を打たれた。この話がわが国に伝わり，1223年頃の紀行文『海道記』や鎌倉時代末の短編物語集『御伽草子』などにも転載されたという。

30章

燕（ツバメ）——尾羽の長いツバメほどもてる

『日本書紀』には，燕は2回登場する。しかし，いずれも生態や社会行動に係る記述はなく，瑞兆としての「白化個体」に関するものだけである。

第38代・天智天皇紀（巻27）6年に以下の記述がある。

六月。葛野郡獻白鷰。

（訳）六（六六七）年，六月に，葛野群（かずらののこうり）が白燕（中瑞）を献上した。

（宮澤600頁）

第40代・持統天皇紀（巻30）3年に以下の記述がある。

図 30-1　ツバメ（全長 17-18cm）

図 30-2　イワツバメ（全長 15cm）

辛丑。詔伊豫捴領田中朝臣法麻呂等曰。讃吉國御城郡所獲白鸕。宜放養焉。

(訳) 三（六八九）年八月二十一日に伊予総領田中朝臣法麻呂（いよのすべおさたなかのあそみのりまろ）等に詔して，「讃岐国御城郡（さぬきのくにみきのこおり）（香川県木田郡牟礼町・三木町）で捕らえた白燕（しろつばめ）は，放し飼いにせよ。」と仰せられた。　（宮澤 692 頁）

日本では，2 種類の燕が普通みられる。人家近くで繁殖するのは

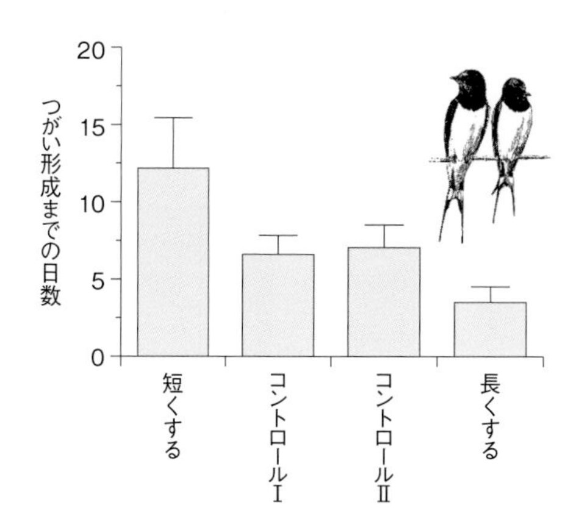

図 30-3 雄の尾羽根を切って短くした場合と，切った尾羽を張り付けて超長くした場合のつがい形成までの日数の違い。尾を長くした雄グループは何もしない（コントロール）雄グループより雌に早く選ばれ，短くした雄グループは選ばれるのが遅れる。コントロールＩは尾羽を切って再び糊付けしたグループ，コントロールIIは捕獲してそのまま放鳥したグループである。挿絵は左が雄，右が雌（Møller 1988）

ツバメで（**図 30-1**），イワツバメは本来，その名のごとく，亜高山帯から高山帯へかけての岩場で繁殖していたものである（**図 30-2**）。都会のコンクリート化で，そこを岩場に見立ててイワツバメが人間の近くに進出してきたが，奈良時代にはコンクリート橋梁も，ビルもなかったわけだから，当時人々が身近で見たのは普通のツバメの方だったろう。

ツバメといえばよく人家の軒下へ巣をつくるが，毎年同じ家に帰ってくるのだろうか？　野鳥研究家の仁部富之助によると，足環で標識された 64 つがいの夫婦のうち，26 つがい（40.6%）は同じ相手と翌年も夫婦になり，38 つがいが相手を変えた。同じ組み合わ

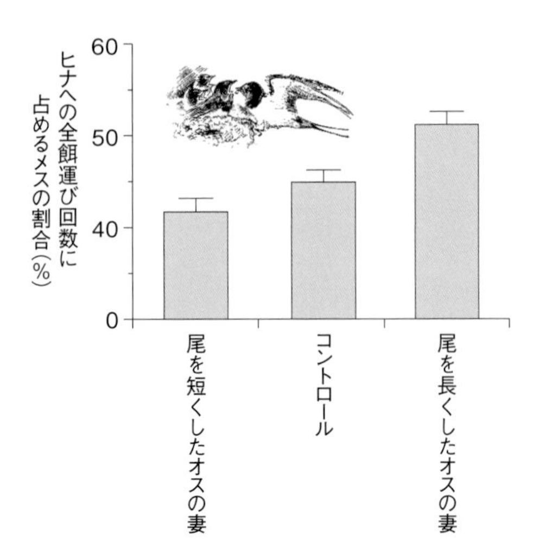

図 30-4 実験的に雄の尾羽根の長さを変えて，つがい相手の雌の餌運びの程度を比べる。長い尾羽根の雄につがっている雌グループはよく働く（de Lope & Møller 1993）

せのつがいは，すべて前年に巣をつくった家に戻り，相手を変えた38 つがいのうちで，18 は同じ家へ，20 は別の家に帰還したそうだ（仁部 1979）。東南アジアで越冬する夫婦は別々の場所で冬を過ごすというから，一夫一妻で貞淑そうに見えるツバメの夫婦の絆も同じ巣場所に帰還することによって維持されているらしい。

ところで，ツバメのつがいはどのようにできるのであろうか。一般的に鳥類では雌が雄を選んでつがいができるが，ツバメの場合は，その決め手は燕尾服の名の由来となった，あの長い尾にあるらしい。結論を言うと，雌は，「尾の長い雄を好き」なようで，それが実験的に見事に示されている（**図 30-3**）。長い尾の雄とつがいに

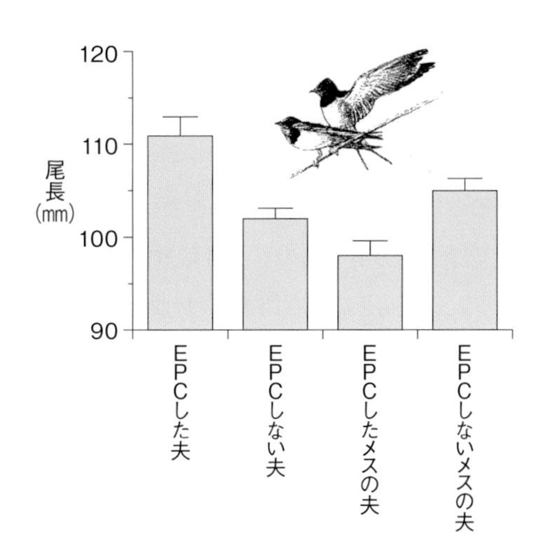

図 30-5 EPC をした夫としない夫の，また EPC をした妻としない妻の夫の，それぞれの尾羽根の長さの比較。EPC する夫のグループは尾羽根が長いし，妻が EPC する夫のグループは尾羽根が短い（Møller 1992）

なった雌は，よく働くというから（**図 30-4**），もてる雄は幸せだ。そのうえ，もっと恐ろしいことが起こる。一夫一妻の鳥類でも，婚外交尾が起こり（人間でいえば不倫だが，動物には倫理はないのでこう呼ぶ。英語で Extra Pair Copulation 略して EPC という），ツバメでは「尾が長い雄が EPC しやすい」し，「尾の短い雄と番（つが）った雌が EPC をしがちだ」という（**図 30-5**）。

でも，こうした恐ろしいことは『日本書紀』の時代にはさすがに明らかにはなっていなかったことだ。

閑話鳥題 30

若いツバメ

平成・令和の若い世代には，馴染みがないかもしれないが，「若いツバメ」という言葉が昔あった。女性解放運動の先駆者として有名な平塚雷鳥が，5歳年下の青年画家・奥村博史と親しくなり，それが同志「青踏」のメンバーにばれて動揺が起きた時の話だ。

気が弱かった奥村は，自分を若いツバメに見立てて「池の中で水鳥たちが仲良く遊んでいるところへ，1羽のツバメが飛んできて大騒ぎになった。この思いがけない結果にツバメは驚いて飛び去ります。」という意味の手紙を残して，田舎へ帰ってしまったそうだ。これに対して，雷鳥は「ツバメなら春になれば帰ってくるでしょう」と返事を書いて彼を呼び戻し，最終的に大正3年正月から二人は共同生活をした。このことから，女性から見て年下の愛人のことを「若いツバメ」というが，大正時代なら「流行語大賞」を取ったであろうが，現代ではほとんど死語に近い。

ちなみに英語では，若いツバメのことを「Toy boy」というが，「おもちゃの少年」という意味になる。年上の女性から見ると，年の離れた男性は，おもちゃのように楽しく，興味を引きつける存在なのだろうか。

ただし，実際にツバメの社会で，どのくらいの割合で「若いツバメ」が存在するのかを調べた研究は残念ながらまだない。

31 章

山鶏（ヤマドリ）——日本鳥学会の「シンボル」

第38代・天智天皇紀（巻27）にヤマドリが出てくる。

是月。以栗隈王爲筑紫帥。新羅遣使進調。別獻水牛一頭。山鶏一隻。

（訳）この月に，栗隈王（くるくまのおおきみ）を筑紫師（つくしのかみ）とした。新羅が使者を派遣して朝貢した。別に水牛一頭・山鶏一羽を献上した。（宮澤608頁）

あしひきの　山鳥の尾の　しだり尾の　長々し夜を　ひとりかも寝む

藤原定家が選んだ『百人一首』のなかの，柿本人麻呂の歌である

図 31-1　ヤマドリ（全長 メス 55cm，オス 125cm）

が，実はこの歌は「万葉集」の歌ではあるが，人麻呂作ではない。巻 11 にある作者未詳歌（2802 番歌の或本歌）である。作者は誰であっても，この歌の意味は

> 「秋の夜は長い。長くて時間を持て余す。考えるのは，あの日出会った美しいあなたのこと。あなたは今ごろ何を考えているのだろう。他の誰かと閨（ねや）をともにしているのではなかろうか。夜は長く，いつまでも明けない。山鶏の雄の尾のように長い夜。今夜もひとり寂しく眠るのだろうか」

切ない歌である。また山鶏は，昼は雄雌一緒にいて，夜は別々に分かれて峰を隔てて眠るという伝承があるので，ひとり寝を表す時にも使われたのであろう。

ここで繰り返し強調されているのは，**図 31-1** の雄の尾の長さで

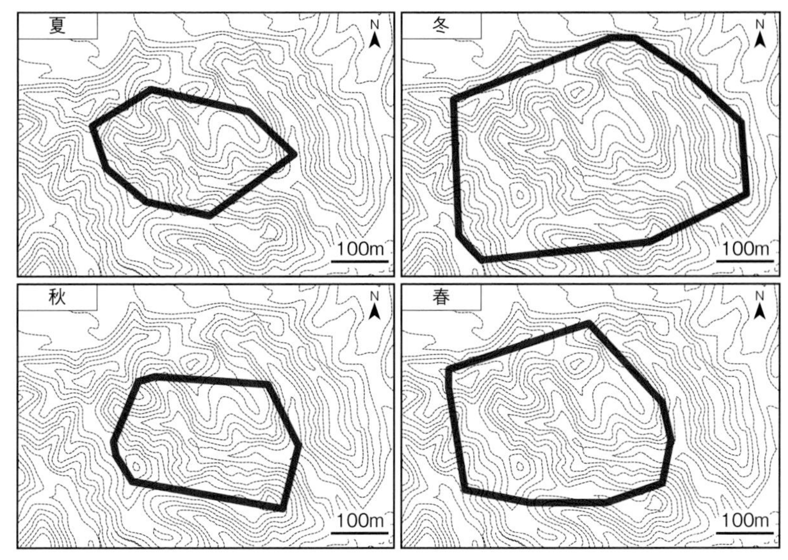

図 31-2　1 羽のヤマドリ雄の行動圏の変化（Kawaji *et al*. 2016）

ある。雌は尾の分だけ全長が小さい。キジの雄の尾が彗星のように長かったのと同様に，ヤマドリの雄の尾も長い。キジの雄雌の図（198 頁**図 27-1**）と比べて，大きく違う点は，ヤマドリでは雌雄の体色が極めて似ていることである。近縁の鳥同士なのに，これはなぜだろうか。

それは，キジの社会が一夫多妻であるのに対し，まだ，良くはわかっていないが，ヤマドリの社会は一夫一妻の社会らしいのだ。東京近郊で，1 羽の雄に電波発信機を付けて 1 年間追跡した研究では，行動圏は夏期 5.76ha，秋期 8.76ha，冬期 12.41ha，春期 8.76ha と冬に広がり（**図 31-2**），そのほとんどを 1 羽の雌と過ごしていたというから，おそらく 1 夫 1 妻だろう（Kawaji *et al*. 2016）。キジでは雌による雄の選択が，より強く働いて，そのために，あの鮮やかな雄の羽色が進化したと考えられるのだ。

このように社会に違いが出るのは，一つには生息環境の違いがあろう。ヤマドリが森林の林床に住むのに対して，キジは草原とか耕地を主な生息地にしている。東北地方での胃内容の剖検による研究によると，両種とも食物は植物質であり，キジで 37 種，ヤマドリで 20 種が同定できた。キジ，ヤマドリともに，植物の種実が多く，それぞれの 77.4%，75.1% を占めていたという。

植物の種実を，木本類・草木類・つた類と大別すると，両種とも草本類及びつた類の種実が多く，科別にみると，キジではマメ科・イネ科・ブドウ科・タデ科の種実及びヤマノイモ（ムカゴ）が多く，一方ヤマドリではマメ科・タデ科・ヒユ科・ミズキの種実及びシダ類葉片が多かった。動物質はきわめて少なく，わずかに 5 種類にすぎなかった（小笠原 1968）。

こうした草本類は，森林より日当たりのよい草原で豊富だろうから，草原の生息環境では雌は単独で子育てが可能で，一夫多妻になりやすいのだろう。このように鳥類の社会は，その生息環境に大きく影響を受けているようだ。

閑話鳥題 31
ヤマドリの復活

204 頁，キジの章で述べたように，「国鳥選挙」では一敗地にまみれたヤマドリだが，「補欠選挙」で復活した。日本鳥学会の英文誌

(*Ornithological Science*) の 14 巻 1 号から，その表紙にコシジロヤマドリが採用されたのである。

コシジロヤマドリはもともと日本鳥学会の機関誌『鳥』の表紙を 1948 年の第 12 巻・57 号より飾っていたが（57 号から 70 号までは，黒田長久が描いたが，71 号からは小林重三が描いた），誌名『鳥』が『日本鳥学会誌』と改名された時に，ヤマドリの絵は外されていたのである。余談ながら，この学会誌名変更については，私にも大きな責任がある。2012 年，鳥学会が創立 100 周年記念特別号を発刊した際に，歴代会長の思い出話が掲載されたことがある。そこへ私はこう書いた（山岸 2012）。「会長としての初仕事は『鳥』から『日本鳥学会誌』への誌名変更だった。「某大新聞」の科学欄で「功利的な研究者が，明治以来伝統のある学会誌名を，小賢しく改変した」と非難されたのにはまいったが，「これも時代の流れでしょう」と，同記事の中で黒田長久先生があきらめのコメントをくださったのが，せめてもの救いだった」。それにしても，なぜ亜種コシジロヤマドリなのかについては，前述のキジの選挙の話で登場した高島春夫が，『鳥』に次のように書いている（高島 1947）。

「（前略）抑々ヤマドリは本州・四国・九州の特産で終戦後の新日本ではキジと共に唯二つの本邦固有鳥である。キジは国鳥に指定されたがヤマドリも其の際候補者に上がり，私など寧ろヤマドリが国鳥になるように冀望した位である（204 頁）。雄の優美な姿態は日本の鳥の中でも屈指のもので，特にここに現した九州の中部及び南部に産する亜種コシジロヤマドリ *Syrmaticus soemmerringii ijimae*（Dresser）は最も鮮美であり，その亜種名に本会初代会頭にして日本鳥学の進歩と普及に盡瘁された飯島魁博士の御名を帯び本誌の表紙を飾るにふさわしきものと考える。（後略）」

言ってみれば，高島の執念が実ったということか。

「鳥」の表紙（左：黒田絵，右：小林絵）

ORNITHOLOGICAL SCIENCE の表紙

32章

臘子鳥（アトリ）——大群をなすから「集鳥（あっとり）」

第39代・天武天皇紀（巻29）に以下のアトリに関する2つの記述が見られる。

（七年十二月）癸丑朔己卯。臘子鳥弊天。自西南飛東北。

（訳）十二月二十七日に，臘子鳥（あとり）が天を覆って，西南から東北へ向かって飛んだ。（宮澤646頁）

（九年十一月）辛丑。臘子鳥蔽天。自東南飛以度西北。

（訳）三十日に，臘子鳥が天を覆って東南から西北へ飛び渡った。

（宮澤655頁）

図 32-1　アトリ（全長 16cm）

両方とも，「天を覆うほどのアトリが北方へ飛んだ」という話である。アトリは秋から冬にかけて，ユーラシア大陸北部から何万羽という大群で冬鳥として日本へ渡ってくる。スズメくらいの大きさの鳥である（**図 32-1**）。

2016 年 2 月に，栃木県鹿沼市に飛来した群れは，その数 10 万羽とも 20 万羽ともいわれ，落葉したケヤキ全体に大群が止まった姿は，枯れ木に花が咲いたようだったそうだ（**図 32-2**）。

『本朝食鑑』によると，「好みて群れを成し，幾千百たるを知らず，地を覆い天を掠めて飛ぶ，故に日本紀に曰く，天武天帝 7 年，臘子鳥天を蔽ふと，後世亦これ有り，**以て天變と為す**」と凶兆として考えている。

「あとり」の語源に関しては，大言海は「集鳥（あっとり）」の略であると言っている。アトリが大群をなして移動することから，そう呼んだのであろう。「万葉集」巻20，4339にも，「国巡る獦子鳥（あとり）かまけり行

図 32-2 鹿沼市に飛来したアトリの大群（撮影：松田幸保）

き廻り帰り来までに斎（いは）ひて待たね」という歌があるが，アトリの大移動を，防人が国を廻るのにたとえていると言われる。

現在は禁止されているが，これを狙った「霞網猟」が1947年まで行われていた。法律で禁じられたとはいえ（標識調査とか研究用には特別の許可を得ると許されている），現在でも密猟は絶えない。

さて，上の天武時代の『日本書紀』にアトリが現れる前にも，アトリの記述は第 29 代・欽明天皇紀（巻 19）に現れる。天皇の 7 人の妃の一人，蘇我稲目の「女の第 3 子が，臘嘴鳥皇子（あとりのみこ）と申した。」**「其三曰臘嘴鳥皇子」**と書かれている。推古天皇の兄にあたる人である。

閑話鳥題 32

霞網（かすみあみ）

本文でもふれたように，アトリやツグミなどの渡り鳥の大群を狙って，昔は霞網を使った猟が行われていた。霞網とは，「日本の鳥獣の保護及び管理並びに狩猟の適正化に関する法律施行規則」という長い名前の法律によると，「はり網のうち棚糸を有するものをいう」とあり，細い糸でできた網に，やや太い糸を横に通して，網に当たった鳥が，その横糸と網でできたポケットのような垂みの部分に，落ちて捕らえられる罠だ。糸の細さから網が見えないほど透き通っているので「霞網」の名があり，外国でも「Japanese mist-net」と呼ばれている。ただし，日本書紀の時代に，この細さの糸を作る技術があったかどうかは疑問である。

1947年より，上述の法律により，特別な許可がない限り霞網は使用が禁止され，違反者は6か月以下の懲役又は50万円以下の罰金に処せられることになっている。本書中に出てきた研究のため個体識別の色足環をつけるとか，渡りの経路を調べるために電波発信機をつけるとか，生態系の攪乱防止に特定の鳥類を捕獲するなど，が特別な許可の場合に相当し，環境省がその許可を出している。しかしながら，そうした許可を得ない商業用や趣味の密猟が後を絶たず，行政や愛鳥家は頭を痛めている。

研究用の霞網にかかったモズ。上部に見えるのが棚糸。（撮影：山岸哲）

33章

巫鳥(ほおじろ)――「神聖な・占いをする」巫鳥(しとと)

「しとと(ど)」は，ホオジロ(図33-1)，アオジ(図33-2)，クロジ(図33-3)などホオジロ科の小鳥の古名であったという。昔はホオジロを指したようであるが，後には主にアオジを呼んでいる。「しとと」の語源は不明であり，「神聖な鳥」，「占いをする鳥」の意で解釈する人もいるが，納得のいく説明は得られていない。

ホオジロは頬が白いことからこの名がつけられた(図33-1)。そして，顔面を横切る線が雄では黒く，雌では褐色であることから外見でも雌雄の区別が容易である。スズメくらいの大きさで，尾がスズメよりやや長く，羽色もスズメによく似た小鳥である。

第39代・天武天皇紀(巻29)9年に以下の記述がある。

三月丙子朔乙酉。攝津國貢白巫鳥。巫鳥。此云芝苔々。

左上：**図 33-1**　ホオジロ（全長 16.5cm）
左下：**図 33-2**　アオジ（全長 16cm）
右上：**図 33-3**　クロジ（全長 16.5cm）

（訳）九（六八〇）年三月十日に，摂津の国が白巫鳥（しろしとと）を献上した。

（宮澤 652 頁）

まず，「巫鳥」というわけのわからない漢字がなぜ「しとと」と読めるのかという問題だが，それは，すでに述べた「斑鳩」と同様に編纂者たちが原文の中で，最後に小さく**「巫鳥，此云芝苔々」**「巫鳥，これ**しとと**という」と万葉仮名で親切に読み方の指示をしているからであり，『日本書紀』はこのように実に親切な読み物なのだ。

記述の内容は明らかに白化現象であり，瑞兆として摂津の国から献上されたものだろう。小鳥の飼育愛好家の中でも，全身が白いものは「白ホオジロ（巫鳥）」，ところどころに白い羽を交えたものは「碁石」，頭部だけが白いものは「綿帽子」と呼ばれて珍重されている。山岸は 1973 年 4 月に長野県千曲市で「綿帽子」を撮影したことがある（**図 33-4**）。このオスは通常型の雌とつがい，雌は 4 卵を産ん

図 33-4　ホオジロの部分白化個体（山岸 1976a）

図 33-5「コバルト」と呼ばれた雄と「縞」と呼ばれた雌（山岸 1973）

で，その内の 3 羽が無事孵化・巣立ちした（山岸 1976a)。

また，ホオジロのあるつがいの雄雌に色足環をつけて個体識別し（**図 33-5**)，そのなわばり構造を調べたことがある（Yamagishi 1971)。

コバルトが朝起きてから夜寝るまで，1 日中連続して追いかけ，周りの雄たちと闘った位置と，どのような行動が起きたかを記録した。それを 5 日間繰り返し，重ね合わせたのが**図 33-6** である。

コバルトの行動圏は，一番外側の「他雄に一方的に負けるゾーン」と「一方的に勝つゾーン」に挟まれるように，「力が拮抗する

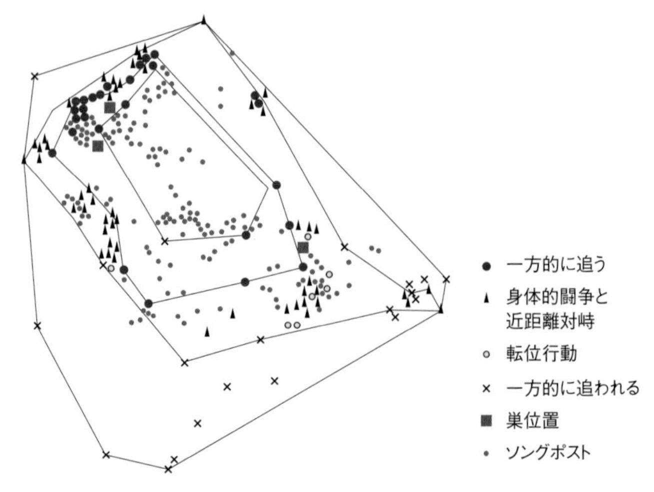

図 33-6　コバルトが周囲の雄たちと闘った位置（Yamagishi 1971 改変）

ゾーン」がある。つまり「なわばり」は，相手に負けることのない，この力が拮抗するゾーンまでの範囲である。

興味あることは，このなわばりの範囲内で，コバルトはさえずっていることである（Yamagishi 1971）。これを「Song area」と呼ぶ。鳥のさえずりを文字で表すのは至難だが，あえて仮名書きすれば，ホオジロのさえずりは「チッチ・ピーツツ・チチ・ツツピー」となろうか。「一筆啓上仕り候う」と昔の人は聞き做した。これを1回と数えて，コバルト雄が，早朝目覚めてから夜寝るまでに，何回さえずるのか数えてみたことがある。その結果は2000回を越えた（山岸・明石 1981b）。

何のために彼はこんなにがんばるのだろうか。それは自分のなわばりに，他の雄が入って来ないように，なわばり宣言をしていることが，この結果からよくわかる。さえずりは，いわば「立ち入り禁止信号」の役割を果たしている。

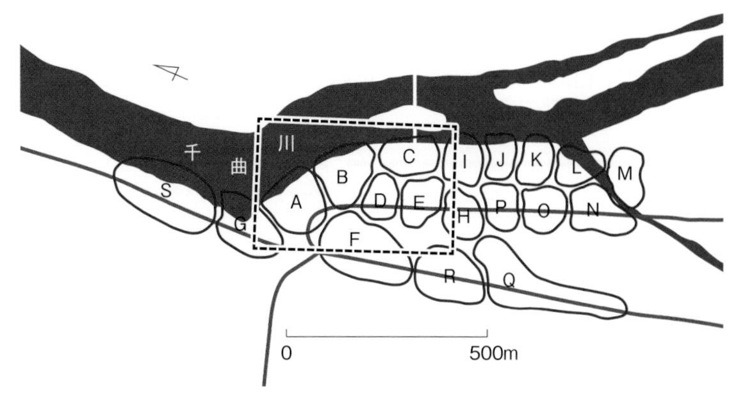

図 33-7 千曲川河川敷のなわばり配置図（山岸 1976b）

それだけではない。独身の雄はさえずることによって結婚相手の雌を呼んでいる。なぜそんなことがわかるかというと，所帯持ちの雄と，独身雄がさえずる回数を比べたり，同じ雄の独身時代と結婚後のさえずり回数を比べてみると，明らかに独身時代の方が頻繁にさえずるからだ。ある独身雄は 1 日に 4000 回以上もさえずった（山岸・明石 1981b）。独身雄は既婚雄の 2 倍以上よくさえずる。ついでに書き添えると，先に述べた「綿帽子雄」はさえずりは普通のホオジロと同じであった。そのことが正常な雌とのつがい形成を可能にしていたのであろう。

さえずる範囲（Song area）が「なわばり」であることが証明されると，なわばりを描くのが楽になる。さえずる範囲を調べれば，なわばりがわかるからだ。千曲川河川敷で，このなわばり配置を調べたのが**図 33-7** だ。

そして，この 19 のなわばりの中で，どの雄とどの雌がつがい関係を継続したのかを個体識別して示したのが**図 33-8** である。

図からわかるように，ホオジロのつがいは，その一方が消失（お

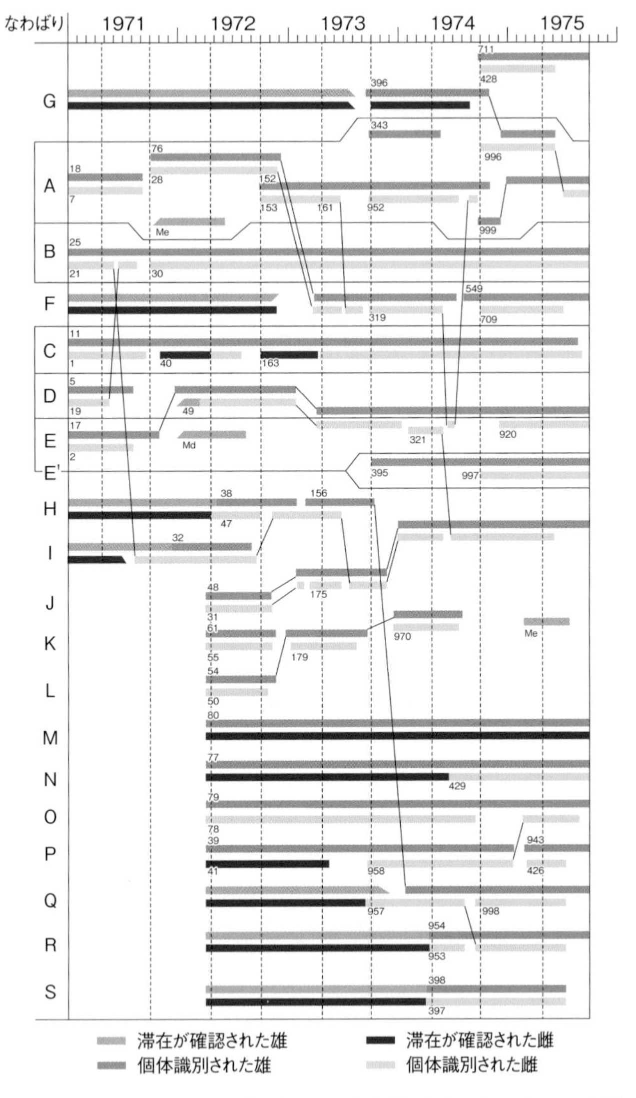

図 33-8　A～S までの 19 なわばり（図 33-7 を参照）を占めたつがいの 5 年間の記録（山岸 1976b）

そらく死亡）しない限り，同じなわばりを何年も占め続ける。このように，「さえずり」という社会行動によって，ホオジロの繁殖つがい数は安定した数に調整されているのだ。しかもこの社会調整は，従来考えられていたように，繁殖期前の春先ではなく，前年の秋に「秋の囀り」によってなされている（山岸 1976b）。

閑話鳥題 33

佐久の草笛

佐藤春夫の『佐久の草笛』に，次のような「頬白の歌」がある。

山の寒さに里に出て　うぐひすの歌知らぬ身は　すととすととさげすまれ　残雪(はだれ)の畑になくだんか

山岸が幼少時代を過ごした信州の佐久地方でもホオジロのことを「ストト」と呼んでいた。ホオジロの地鳴きは「チ・チ・チ」とか「ツ・ツ・ツ」と聞こえ，この鳥の方言を調べてみると，「シトト（ド）」「ストト（ド）」「セッツ」と呼ぶ地方が全国に 14 県もある。このことから，「しとと」はホオジロ類の地鳴きから来ているのかもしれない。ウグイスのように美しく鳴けないホオジロを人々はさげすんだのだろうか。しかし，地鳴きに比べてホオジロのさえずりは，そんなにさげすむような代物ではないと思う。

34章

鸛（おほとり）——種名判定は難しい

天武天皇紀十一年九月に，鸛が数百羽飛んだという記述がみられる。

庚子。日中。數百鸛當大宮以高翔於空。四剋而皆散。

（訳）十日に，正午に数百羽の鸛（おほとり）がちょうど大宮（浄御原宮（きよみはらのみや））の上空高くを飛翔した。二時間ほどして，みな散り散りに飛び去った。

（宮澤 663 頁）

鸛は一つの種を表す名前ではなく，白鳥の章ですでに見た「くぐひ」（92 頁）と同じで，白い大きな鳥を指している。具体的には，ハクチョウ，ツル，コウノトリ，サギが「おほとり」である。

4 種の候補になる鳥のうち，「上空高くを 2 時間も数百羽で飛翔し

図 34-1　コウノトリ（全長 110-115cm）

た」と記されていることから，これは上昇気流に乗って羽を広げて帆翔したことを表しているだろう。ハクチョウ類は帆翔することはないし，サギ類は稀にすることはあっても 2 時間もすることはないので除去できそうだ。

残るのは，コウノトリとツルだ。まずコウノトリから検討を加えよう。わが国にコウノトリ（**図 34-1**）が生息していた最初の証拠は，大阪府の東大阪市と八尾市にまたがる池島・福万寺遺跡の弥生時代の水田跡に残された足跡化石で，この足形がコウノトリと一致する（**図 34-2**）（田中ほか 2016）。弥生時代の銅鐸に描かれた「長頸長脚鳥」（首と脚の長い鳥）が，ツルかサギかという長い間の論争があったが，この論争が，そのいずれでもなく，実はコウノトリだったということが分かったのである。

それでは，『日本書紀』の鵠（おおとり）だったのかというと，それは違うと

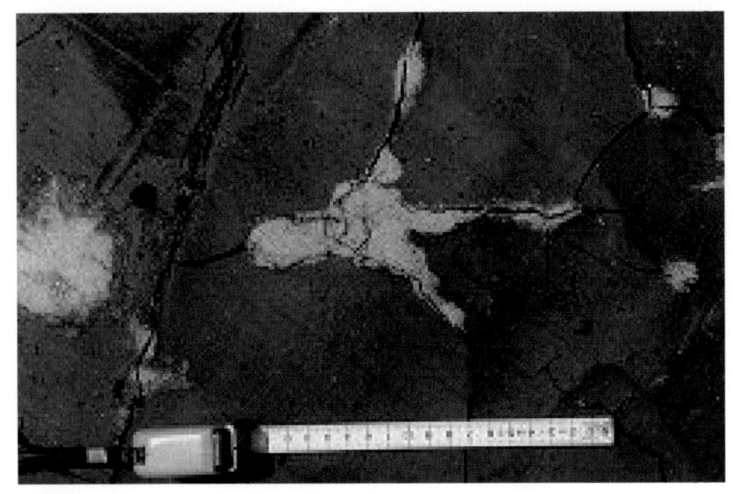

図 34-2　コウノトリの足跡化石（撮影：松井章）

思われる。理由はコウノトリの分布域にある。コウノトリ個体群の繁殖域はユーラシア大陸北部の東端，ウスリー地方であり，冬は中国東南部へ渡り越冬する（**図 34-3**）。

わが国は，この渡りのメインストリームから外れており，稀にやってくる個体があったとしても，数百羽の大群で訪れることはまずなかっただろうと考えられるからだ。

こうして除去していくと，該当候補はツル類が残る。わが国でよく見られるツル類のうちタンチョウ（**図 34-4**）は北海道の鳥であるから，これも除去できるだろう。

残るのは，現在も冬に大群で，鹿児島県出水市などにやってくるナベヅル（**図 34-5**）とマナヅル（**図 34-6**）である（**図 34-7**）。記述の時期から判断しても，大陸から大群で渡ってきたマナヅルかナベヅルが越冬地を探している風景であろう。

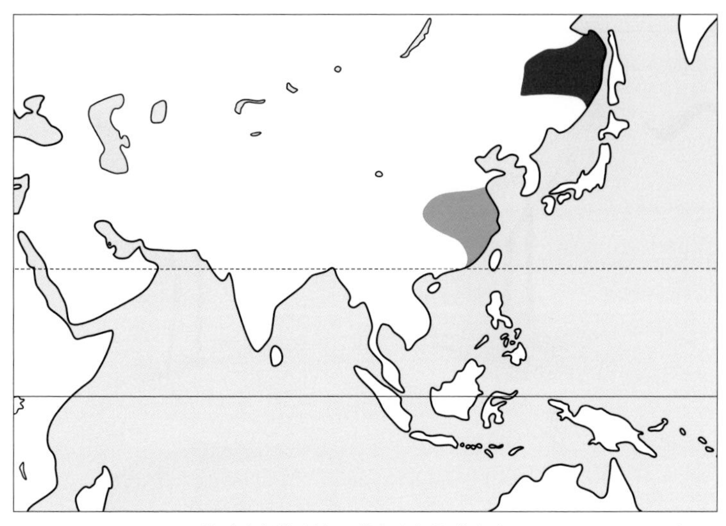

図 34-3　コウノトリの繁殖分布域（赤）と越冬分布域（緑）（Hoyo *et al*. 1992 より）

また,「おおとり」は鴻と表されることもある。第 21 代・雄略天皇紀（巻 14）では，この字が使われている。

伯孫聞女産兒。往賀聟家。而月夜還。於蓬蔂丘譽田陵下。蓬蔂。此云伊致寐姑。逢騎赤駿者。其馬時濩略而龍翥。欻聳擢而鴻驚。異體蓬生。殊相逸發。伯孫就視而心欲之。

（訳）伯孫は，娘が子を産んだと聞いて，婿の家へ行ってお祝いをし，月夜に帰ってきて，蓬蔂丘（いちびこのおか）の譽田陵（ほむたのみささぎ）（応神天皇陵）の下で，赤馬に乗っている人に会いました。その馬は，時に竜のようにうねり，飛ぶようにかけめぐり，急に高くかけめぐり，鴻（おおとり）のように舞い上がります。

左上：**図 34-4**　タンチョウ（全長 138-152cm）
右上：**図 34-5**　ナベヅル（全長 91-100cm）
右下：**図 34-6**　マナヅル（全長 127cm）

> 異様な体格は峰のように生じ，特異な姿はぬきんでています。伯孫は近づいてよく見ると，この馬がほしくなりました。（宮澤 310 頁）

「竜のようにうねり」「鴻のように舞い上がる」というのだから，相当大きな立派な鳥だろう。ハクチョウ，ツル，サギ，コウノトリのなかから選ぶとしたら，コウノトリの郷公園元園長としては，心情的に「コウノトリ」を選びたいところだ（95 頁**図 12-5**）。

図 34-7　世界最大級の出水のマナヅルとナベズルの越冬地（鹿児島県出水市）

閑話鳥題 34

マナヅルの渡り経路と非武装地帯

出水で越冬したマナヅルがどこへ帰るのかは，発信器をつけ人工衛星で追跡するとわかる。彼らは，朝鮮半島を北上して，ロシア南部や中国北部へ帰り繁殖するのだが，その際，北朝鮮と韓国の国境地帯の非武装地帯（DMZ）が中継地になっており，そこで一旦休憩して力を蓄え，再び北上することが分かった。人による居住や開発が強く制限される非武装地帯が，意図せずして野生生物保護区のようになっている場所は他にも見られるようだが，対立する二つの国の緩衝地帯が，渡り鳥にとっては重要な場所になっていることは，少し皮肉な気がしないではない。

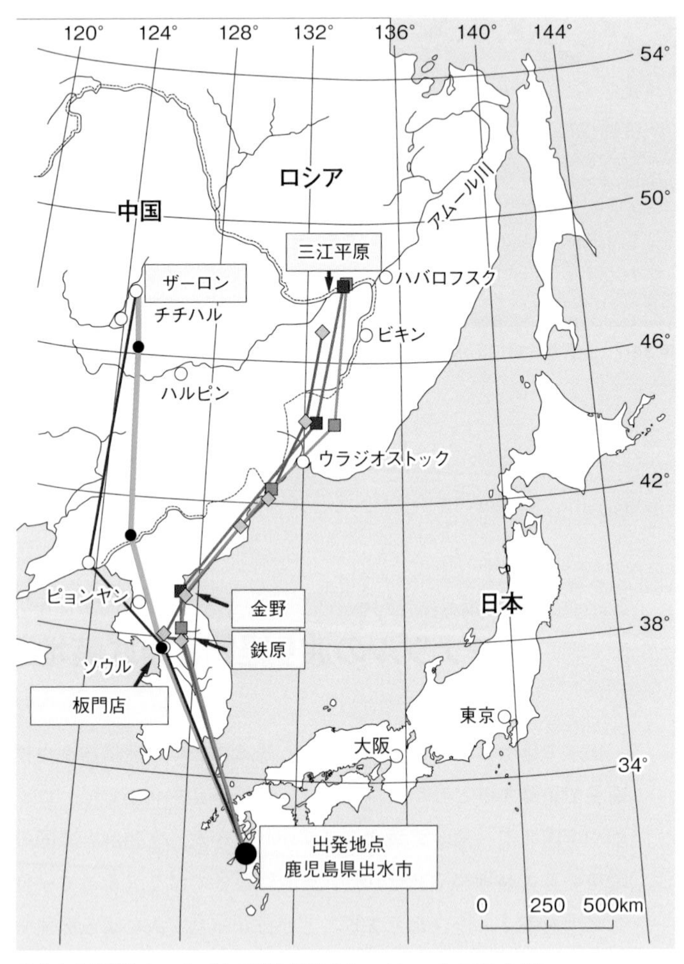

出水市を出発したマナヅルの渡り経路（Higuchi *et al*. 1996 より）

35章

古代の政治と鳥
――なぜホトトギスやウグイスが登場しないのか

以上で，『日本書紀』に登場する34分類群の鳥すべてについて紹介し終えたわけだが，その間，常に頭を離れなかったことがある。それは「なぜ『日本書紀』には鶯(うぐいす)や杜鵑(ほととぎす)のような，私たちの身近でよく知られた鳥たちが登場しないのか？」という疑問である。中西悟堂（188頁**図25-4**）は『定本野鳥記』第5巻の冒頭に，「「万葉集」中難解の鳥」と題する一文を書いている（中西 1964）。それは次のように始まる。

「万葉集全20巻，4,516首中，鳥及び鳥に関係ある名詞の件数が600件，すなわち13.3%もあるのは，万葉人にあっては，鳥は単に自然の景物であるだけでなく，人間の情緒の一部ともなっていたからで，特に相聞(そうもん)に関与しての大きい条件であったほか，恋愛以外の人事を鳥に寄せて詠んだ歌も多く，枕詞の中

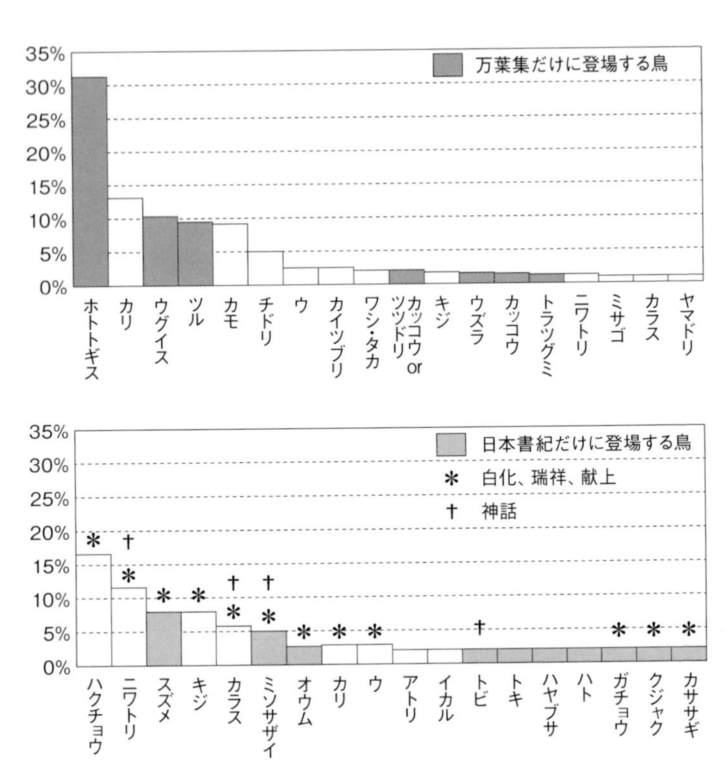

図 35-1 「万葉集」（上）と『日本書紀』（下）に登場する鳥類の比較（山岸原図）詳細は 264-5 頁付表 1 を参照

にも少なからず融けこんでいる。」

これに続いて，彼は「万葉集」に登場する鳥類を種別に数え上げている（同様の種別登場数の数え上げはジャーナリストの矢部治（1993）も行っている）。この指摘にも触発され，『日本書紀』と同時代の人たちが，どのような鳥に関心を持っていたのかを知りたくて，「万葉

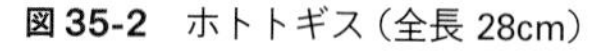

図 35-2　ホトトギス（全長 28cm）

図 35-3　ウグイス（全長 メス 13cm, オス 16cm）

集」と『日本書紀』に登場する鳥類を比較してみた。その結果が**付表 1**（264-5 頁）なのだが，そこには，明らかに違いがあるのだ。

この表を基に登場回数の上位 18 種を比較したのが**図 35-1** である。すぐに気づくのは，ホトトギス（31.5%　**図 35-2**）やウグイス（10.3%　**図 35-3**）といった，身近な，鳴き声も特徴的で「万葉集」では頻繁に歌われる鳥が，『日本書紀』には全く登場しないこと，逆に『日本書紀』で 1 番多く登場するハクチョウ（16.5%）は「万葉集」では 18 位以内にも入らないことだ。また，両者では，多く登場する種の構成が，大きく違うということである。「万葉集」によく出てくる上位 10 種のうち，『日本書紀』に出てくるのは 2 種（カリとウ）だけで，それも 8 位と 9 位だ。この違いは何だろうか？　本書の最後にこの問いに対する，私なりの試論を示してみたい。

生物学が専門の私には，洋の東西の文献を渉猟する素養は無い。ただ，先にも書いたように，知識人の中には鳥好きの人が結構いて，自分の専門の研究と引っかけて書いた鳥の本がかなりある。その一つに，2007年に出版された『*Birds in the Ancient World from A to Z*』（古代世界の鳥AからZ）という本がある（Arnott 2007 [2012]）。作者は，リーズ大学の古典語の教授で，リーズ（英国北部の都市）の野鳥観察クラブの会長もしていたジェフリー・アーノットという人だが，種が同定できない，つまり古代西洋での呼び名だけが知られているものも含めて1000種近い鳥が紹介された大著だ。

遠くヨーロッパ古代の話だが，この本の中に，私の疑問を解く手がかりになりそうな事柄を見つけた。この本には，「augur」（アウグル）というラテン語が頻繁に出てくる。日本語では「鳥卜官」「卜鳥官」「鳥占官」などと訳されるようで，要するに鳥占いをする官職だ。鳥の鳴き声や飛翔状況を観察してその状況を基に神の意思を示すことで，宗教的な事柄に留まらず，戦争や商業といった国の重大な意思決定にも関与した官職だったらしい。有名なキケロも『占いについて』（*De Divinatione*）という本を書いていて，そこでもしばしば鳥占いが論じられ，

> 私たちの客人で，きわめて聡明かつ名高いデイオタルス王のことを覚えておられますか。王は何をするにつけても必ず鳥占いをしたものでした。ある時には前もって入念に準備していた旅に出たところ，鷲が飛翔するさまを目にして引き返したのですが，まさにその次の夜に，旅を続けていたら逗留することになっていた部屋が倒壊したことがありました。
>
> （キケロ『占いについて』*De Divinatione*, I 15, 26）。

というような記述も見えるという（訳文ともども，國方栄二さん，和田利博さんのご教示による）。

古代ギリシア・ローマに関する4巻数千頁におよぶ大事典を編んだ19世紀イギリスの大学者ウィリアム・スミスは，「古代のすべての国では，神々の意志や将来の出来事は，神々がその誠実な崇拝者への好意の印として送るある種のしるしによって人間に啓示される，ということを確固たる信念とともに銘記していた」という。それゆえ，古代ローマの哲学者たちは，「神々が存在するならば，彼らは人間を大切にし，人間を大切にするならば，彼らの意志の印を送らなければならない」とも書いていることを指摘している。しかもスミスによれば，ローマだけでなく古代ギリシャでも鳥の飛翔が神々の意思を暗示するという信念は，広く共通していたようだ（Smith 1875, sv. Augur）。

漢文学者・東洋学者である白川静（1994）は，『日本書紀』に最も多く登場する白鳥（鵠・鴻）が「古くは鳥占に用いられていた」と書いている。また，二番目に多く登場する鶏についても，生態人類学者の秋道智彌は，東南アジアでも鶏が占いに使われていることを秋篠宮殿下の前掲書（11頁）第5章で詳述している（秋道 2000）。秋道はタイ族・チノー族・ハニ族を踏査し，「鶏占いは，鳥の骨や卵を用いて未来の吉兆の予測が行われていた。その対象となるのは，病気，家の新築や結婚運，旅行運，人間関係の善し悪しなどであり，生活の広い面にわたっている。」と書いている。さらに，秋道は，同様の調査を雲南省で広く展開し，49の村のうち30村で鶏占いが行われていたことを記している。

つまり，洋の東西を問わず，鳥は国の大事を予兆する存在として重視されていたのだが，これは古代日本でも共通していたと見るのが自然だろう。33章でも見たように（233頁），しとと（巫鳥）が「神聖な鳥」「占いをする鳥」とされていた節もあるが，これらの事実を通して見ると，『日本書紀』と鳥の関係が理解できるのではない

図 35-4　白化したスズメは瑞祥である（撮影：岸本登巳子）。

だろうか。

これまで本文でも繰り返し述べてきたように，『日本書紀』では，鳥が，瑞祥や吉兆として天皇に献上されたり，逆に時には不吉の兆とされたりして登場する。そしてその多くは，白化（時に赤化）した，いわゆるアルビノである。登場回数第 1 位のハクチョウも白化ではないが，もともと白い鳥である。白化現象は珍しい現象だから人々の関心を呼ぶのは当然だが，ヘロドトスの『歴史』(I 138) の中には，古代ペルシャにおいてアルビノの鳩が病気を示唆する象徴として汚名を着せられているし（ヘロドトス／松平千秋訳 1971），逆に，ギリシャやローマでは，美の女神（アフロディテ／ヴィーナス）にとって神聖なものとして崇められ，白い鳩がヴィーナスのために生け贄に捧げられたこともあったという（Arnott 2007 [2012]: 259）。

このように，鳥，中でも白化した鳥は，国家の大事と深く関係した。『日本書紀』でも，スズメは，白化個体の献上品としてすでに見てきたように頻出し，登場回数は第3位だ。「万葉集」では上位18位の中にも入らず，あまりにありふれていて歌題にはならないのかもしれないが，政治の観点から言えば，スズメは注目すべき存在だということだろう（**図 35-4**）。占いに使われたニワトリも同様で，『日本書紀』では第2位，「万葉集」では第15位である。

周知のように，『日本書紀』は『古事記』と並び日本に伝存する最も古い史書の1つであるが，『古事記』が序文において編纂の経緯について説明しているのに対し，『日本書紀』には序文・上表文が無く編纂の経緯に関する記述は存在しない。そのため，いつ成立したのか『日本書紀』それ自体からはわからない（成立は養老4（720）年とするのが一般的である）。歴史学者の坂本太郎は，天武天皇10（681）年に，天皇が川島皇子以下12人に対して「帝紀」（大王家/天皇家の系譜を中心とした記録）と「上古の諸事（旧辞）」（それ以外に伝わる昔の物語）の編纂を命じたという『日本書紀』の記述を書紀編纂の直接の出発点と見ている（坂本 1951）。『日本書紀』の編纂は当時の天皇によって作成を命じられた国家の大事業であり，皇室や各氏族の歴史上での位置づけを行うという極めて政治的な色彩が濃厚なものであったらしい。こうした国家史書としての性格が，そこに登場する鳥たちの特徴と関連していると見るのはどうだろう。

動物生態学者の東光治は，1935年に『萬葉動物考』を著した。その中で，彼は「万葉集中時鳥（ほととぎす）を詠んだ歌は156種許りあり，實に全歌数の3.4%である。生物を題材にした歌の豊富な「万葉集」に於いても，この時鳥は動植物を通じて嶄然頭角を現はして，第1位を占めてゐる。（原文ママ）」と述べている（実は156種のうち，半分に近い63種は「ホトトギス狂」と言われる大伴家持1人によって詠まれたものだ）。「万葉集」では鳥類の中の第1位どころか，全動植物の中でも時鳥は1位なのだ。そしてこの傾向は，時代を4

期に分けて分析すると，末期になるほど強くなり，それは中国文學の影響を受けて，時鳥や鶯の鳴き声を鑑賞するようになったからだろうと彼は想像している。

そしてさらに，彼は「萬葉時代には漸く支那文學の影響が濃厚になって来て，月花を愛で季節を詠ずる歌が多くなった。春を告げる鶯，卯の花の咲く頃に来たり鳴く時鳥，秋風に乗って訪れる雁や鴨，さては秋萩の咲く頃妻呼ぶ牡鹿などの歌の多い所以であろう。季節的觀念に至っては現代人よりも遥かに鋭敏であった。（原文ママ）」と述べている。

つまり，「万葉集」に登場する鳥たちは，奈良時代の歌人あるいは一般人の心に響いた情緒や感情を，そのまま歌い上げられたものであるのに対し，『日本書紀』に頻出する鳥たちは，天皇の弥栄を祈るものや，鵲，孔雀，鵞鳥，鸚鵡など外国からの政治目的で贈られてきたものも含め，献上物の記録が多く（あたかも献上品目録のようでもある），それ故，あまり生活のにおいを感じさせない。

同じ鵜を取り上げても「万葉集」山部赤人の望郷の歌**「玉藻刈る辛荷の島に島廻する鵜にしもあれや家思はざらむ」**と，『日本書紀』の「近江国栗田郡（大津市の一部・草津市・栗太市）が，「白い鵜が，谷上浜にいます。」と申し上げた。それで詔して，川瀬舎人を置かせた。」（36 頁）を並べてみると「万葉集」と『日本書紀』の違いが垣間見えるだろう。

もう一例だけ獦子鳥を取り上げよう。「万葉集」巻 20，4339 にある，刑部虫麿という防人の**「国巡る獦子鳥かまけり行き廻り帰り来までに斎ひて待たね」**という歌は，出発に際して，家人に遺した別離の歌である（231 頁）。これに対して『日本書紀』では，「（天武天皇七年）十二月二十七日に，臘子鳥が天を覆って，西南から東北へ向かって飛んだ（これは凶兆）。」と書かれている（229 頁）。この 2 例だけを見ても，「万葉集」に比べて『日本書紀』では瑞祥や凶兆として鳥が取り上げられているのがよくわかるだろう。

瑞祥の考え方を知るのに一番わかりやすい記述は，202頁の僧旻法師の「これは吉祥とも言うべき，たいそう珍しいものです。伏して聞いておりますには，王者の政治が四方にあまねく流布する時は，白雉が現れる。また王者の祭祀が誤ることなく，宴食や衣服に節度がある時は，やはり現れる。また，王者が潔白で質素である時には，山に白雉が出る。また，王者に人徳があり，聖人である時にはやはり現れる。」という今の政治家にも聞かせてやりたいような言葉であろう。先のスミスの考察とも完全に一致するが，このように言われたら，誰でも白化動物の出現を心から待ち受け，それを見つけた者はいち早く天皇に献上したに違いないし，為政者はそれにふさわしい振る舞いをしようと努力したことだろう。

先に（204頁），日本鳥学会が主催した「白化鳥類展示会」の話を紹介したが，そこにはホトトギスやウグイスの展示はない。これは偶然の一致だろうか。私は，「ホトトギスやウグイスでは白化が生起しにくい傾向があるのではないか」と想像した。鳥類の白化現象についての量的研究は，少なくとも国内にはない。山階鳥類研究所では，全国にバンダーのネットワークを敷いて，1961年から渡り鳥の標識調査に携わってきた。2018年までの57年分の記録が報告書となって出ている（山階鳥類研究所 2018）。これを見ると，ホトトギスは合計204羽，ウグイスは181,589羽捕獲されている。これらの中では，完全白化の記録は見かけないそうだ。

捕獲に直接関わってきた副所長の尾崎清明さんや研究員の仲村昇さんに聞くと，これまで1,000羽を超えるウグイスの捕獲経験があるが，部分白化（右大雨覆羽7枚が白化）を1羽捕獲しただけで，完全白化には出会っていないという。ウグイスでは部分白化の生起率は0.1%ぐらいだろう（ウグイスが特に捕えにくいということもないそうだ）。一方，ホトトギスに至っては，捕獲を生業（なりわい）（？）にしている彼らでさえ，1羽（！）しか捕獲経験がないそうだから，ホトトギスは捕まえること自体が難しい鳥のようだ。

「ホトトギス狂」の家持は**「時鳥聞けども飽かず網取りに獲りて懐けな離れず鳴くがね」**（巻19，4182）と詠っているので，獲って飼おうとしたことは明らかである（東 1935）。しかし，山階鳥類研究所のエキスパートによっても，なかなか霞網で獲れないホトトギスを当時簡単に捕獲できたとはとても考えづらい。もし飼育したとしたら，托卵されてウグイスの巣の中で育っているホトトギスの雛を持ち帰って飼育したものだろうが（『高橋虫麻呂歌集』巻9，1755にホトトギスの托卵の歌がある），これとて簡単にできたことではなかっただろう。

いずれにしても，「ホトトギスやウグイスに特に白化が少ないとは言えない」と尾崎や仲村は言う。「そもそも，白化の生起率が他の鳥でもこのくらいでしょう」と言うのだ。「ホトトギスは高空を飛び回り，あの詩情あふれる鳴き声だけは聞こえるが，その姿を見ることも，捕えることも難しかった」から献上品にならなかったのだろう。ホトトギスに限らず完全白化は非常に珍しい現象で，瑞祥になって献上された理由が納得できそうだ。

東光治は前掲書でこうも言っている。「大體において古代の文學はその感情が單純で，表現も素朴であって，目前の事物を直觀的に取り扱ってゐるから，當時の動物界の状況を察知するに誠に好都合である。これを現在の動物界と比較することに依ってその間の推移の跡を辿ることができるし，これはやがて將来への變遷の道程を豫言する有力なる一資料ともなりうるものである。されば，古代文學は獨り国文學や歴史上の重要資料たる許りではなく，生物學的見地から云っても誠に貴重なる一大研究資料と云わねばならない。（原文ママ）」（東 1935）。

この一文を東光治が書いてから100年近くが経過した。今回私たちは，東が「万葉集」で試みたことを，鳥類には限ったが『日本書紀』で繰り返したことになる。その間，どれほど鳥類生態学の進展があったのか，またわが国の環境の変遷があったのかは，両書を読み比べてもらいたい。さらに私の妄想を発展させるには，今後は生物学と人文学双方の検討が必要だろう。すなわち生物学からは，白化現象の種による違いが検討されねばならないし，それには分子生物学的なアプローチも含めた先端科学の研究も必要だ。一方，人文学からは，『日本書紀』と「万葉集」ばかりでなく，その後の時代の史書や説話，歌集などを検討してみる必要があるし，ここでごく簡単に試みたような，世界中の古典に当たって比較する試みも重要だろう。これはもはや，傘寿を越えた私には叶わぬ仕事だ。「杜鵑や鶯が『日本書紀』に出てこないのは何故か」，という素朴な疑問から，若い人々が文理融合の面白（おもろ）い研究を広げてくれることを夢見て，本書の纏めとしたい。

閑話鳥題 35
白色レグホーン

レグホーン品種の祖先は，地中海地域北部生れであり，1835年にニューヨーク在住のN.P. ウォード（N.P.Ward）によって，イタリ

レグホーン（ブラウン）

白色レグホーン

左：ニワトリの卵（撮影：山岸哲）

ヒヨコが先に孵っていた（撮影：山岸哲）

アのレグホーン（イタリア語ではリボルノ）港から米国に導入された。優れた産卵能力から，現在ではもっとも重要な家禽品種となっている（秋篠宮ほか 1994）。この白色レグホーンはブラウン型のアルビノ（白化）から品種改良されたものだろう。

ここからが本当の閑話だが，私は小学校４年のころ，美しいコバルトブルー色のムクドリの卵を拾ったことをきっかけに，野鳥の卵を採集しては標本にして喜んでいた。高校２年の時，猛禽類のノスリの巣を見つけ，どうしてもその卵がほしくてたまらなかった。ノスリの卵は２卵あった。１つ取ってしまうと，親鳥が巣を放棄するのではないかと心配して，１卵頂戴する代わりに同じくらいの大きさの鶏卵を１つ預けておいた。その後，様子を見に行ったら，鷹の巣の中で鶏のヒヨコが孵っていた。再び訪問した時には巣にはノスリの雛が１羽座っていた。その折にいただいたノスリの卵は，今でも私の標本箱に収まっている。預けられた鶏卵が「白色レグホーン」のものだったことは言うまでもない。

あとがき

私と山岸を引き合わせてくれたのは，立岩孝之さんというお医者さんだ。彼が拙著『日本書紀 全訳』を山岸に紹介してくれ，二人はご対面となったのである。逢ってみると，二人には3つの共通点があることが分かった。「酒が好きなこと」，「高校が同窓であること」，「中学校の教師の経験があること」だ。とりわけ最後のことは重要で，二人とも「子供の心がよくわかる」老人だった。

ところで，山岸を，「83歳の少年」と表現したら，唐突かつ失礼で，叱責の声が上がるだろうか。この喩えの表現の由拠は，先生の物事に寄せての，わき出ずる尽きない興味・関心・疑問，そして何にもまして，若さを感ずるからである。これはまさに「少年」そのものといってよいのではないだろうか。思考を深め，稿を重ねるごとに，まるで小学校4年生の時に，コバルトブルーの卵を拾った時のような，輝く笑顔が見られるのだ。

山岸はまた同時に，広く豊かな体験にもとづく，切れ味鋭い識見・ユーモア，あるいは先天的かとも思われる，ほとばしるウイットに富むコラムも記している。これこそは，理系と文系を包摂する「異分野の連鎖複合」を実践する哲人的な科学者の姿なのだ。

ところで，周りの現実を見ると，彼のような理系の人の文系理解に対し，その逆は，ずいぶんと困難が伴う例が多い。本書は，それを克服すべく文系が理系の世界に近づくチャンスを与えてくれるに違いない。またその逆も可能だ。殊には，最終章に注目したい。この中で山岸は「鳥」という窓口を通して，「万葉集」と『日本書紀』との特色を，明らかに浮かび上がらせた。それは，今まで誰も思いつかない，試したことのない独創的な手法を駆使しての結果である。

そして，最終のコラムとなる。今も保管してあるという卵の標本の話である。これを見ると次のような予感（予見）がよぎる。それは，これまで世の中に敷衍していたのは「コロンブスの卵」であったが，やがてはこの話は「山岸の卵」にとって代わる（かえる）のではないかと。

こうして見えてきたキーワードは「83歳の少年」・「山岸の卵」となろう。それに気がつくのは，「今」！！本書を手にして読了するときなのだ！！！

最後になりましたが，本書刊行に当たり，深く温かく，適切なアドバイス，お力添えをいただきました，京都大学学術出版会の鈴木哲也編集長に心より感謝申し上げます。ありがとうございました。

（宮澤豊穂）

謝　辞

青い卵手箱（たまてばこ）（画：岩本久則）

ここに一枚の絵がある。この絵は2019年に，東京で開いていただいた私の退職祝いの折り，皆様から贈っていただいた大事な記念品である。共著者宮澤も「あとがき」で触れているように，私の人生は「ムクドリの青い卵」から始まった。「終わりに臨んで浦島太郎のように，玉手箱ならぬ「青い卵手箱（たまてばこ）」を開いたら，何が出てくるのか……」と，その時，お礼の言葉を述べたのを覚えている。本書はいわば，その「卵手箱」から出てきた「煙」のようなものだと思っていただきたい。

執筆にあたり，以下の方々に原稿を読んでいただき，貴重なご意見を賜り，また資料をご提供いただいた。記してお礼を申し上げる。　（山岸　哲）

秋篠宮文仁，浅井芝樹，岩本久則，植田睦之，内田博，江口和洋，江崎保男，大木素十，大山文兄，小川鶴蔵，奥野卓司，尾崎清明，亀田佳代子，川那部浩哉，岸本登巳子，國方栄二，黒田清子，小泉光弘，幸田正典，佐野昌男，須永光一，高円宮久子，都築政起，仲村昇，名執芳博，西浩司，常陸宮正仁，松田幸保，松田芳夫，松本宏一，水谷高英，森貴久，森井豊久，吉村正則，和田利博

（敬称略，五十音順）

付表1　「万葉集」(登場首数) と『日本書紀』に現れた鳥類の登場回数 (「万葉集」は中西 1964 年による)

	「万葉集」	『日本書紀』	(白化・赤化・献上・瑞祥の記録あり)
ホトトギス	156(31.5%)	-	
雁	65(13.1%)	4(2.9%)	(1)
鶯	51(10.3%)	-	
鶴	46(9.3%)	-	
鴨	45(9.1%)	2	
千鳥	25(5.0%)	1	
鵜	12(2.4%)	4(2.9%)	(1)
カイツブリ	12(2.4%)	1	
鷲・鷹	10(2.0%)	2	
喚子鳥 (カッコウかツツドリ)	9(1.8%)	-	
雉	8(1.6%)	11(7.9%)	(11)
鶉	7(1.4%)	-	
容鳥 (貌鳥) (カッコウ?)	6(1.2%)	-	
とらつぐみ	6(1.2%)	-	
鶏	6(1.2%)	16(11.5%)	(2)
みさご	5(1.0%)	1	
からす	4(0.8%)	8(5.8%)	(5)
やまどり	4(0.8%)	1	(1)
鷗	3	-	
雲雀	3	-	
白鳥	2	23(16.5%)	(2)
鴫	2	2	
百舌	2	2	
白鷺	1	-	
河烏	1	-	
燕	1	2	(2)
あとり	1	3(2.2%)	
しめ	1	-	
いかる	1	3(2.2%)	
あび	1	-	
鶺鴒	-	1	
翡翠	-	1	
鵂鶹	-	7(5.0%)	(1)

(次頁へ続く)

（前頁より）

	「万葉集」	『日本書紀』	（白化・赤化・献上・瑞祥の記録あり）
鵄	-	3(2.2%)	
桃鳥	-	3(2.2%)	
雀	-	11(7.9%)	(6)
木菟	-	2	(1)
隼	-	3(2.2%)	
鳩	-	3(2.2%)	
鵞鳥	-	3(2.2%)	(3)
孔雀	-	3(2.2%)	(3)
鵲	-	3(2.2%)	(3)
休留	-	2	(2)
鸚鵡	-	4(2.9%)	(4)
鴛鴦	-	1	
巫鳥	-	1	(1)
鶴	-	2	
	30種(496件)	34種(139件)	

引用文献

＊五十音順　外国語文献も，第1著者のカナ読みで並べた

秋篠宮文仁・柿澤亮三・マイケル&ビクトリア・ロバーツ（1994）『欧州家禽図鑑』平凡社。
秋篠宮文仁編著（2000）『鶏と人——民族生物学の視点から』小学館。
秋道智彌（2000）「鶏占いと儀礼の世界」秋篠宮編著『鶏と人——民族生物学の視点から』第5章，小学館。
東潮・田中俊明編著（1989）『韓国の古代遺跡　2　百済・伽耶篇』中央公論新社。
Arnott, W. Geoffrey (2007 [2012]) *Birds in the Ancient World from A to Z,* Routledge.
井口学（2021）「カイツブリ *Tachybaptus ruficollis* の水面滞在時間と潜水時間の予測」『日本鳥学会誌』70：19-36。
池田末則（1985）『奈良県史 14 地名—地名伝承の研究』名著出版。
石川県環境部自然環境課（2012）『トキと人との生活史等調査報告書』石川県。
卯田宗平（2021）『鵜と人間——日本と中国，北マケドニアの鵜飼をめぐる鳥類民俗学』東京大学出版会。
内田清之助（1935）『鳥学講話』梓書房。
内田清之助（1942）『鳥』創元社。
内田清之助（1974）『最新日本鳥類図説』講談社。
内田博（2019）『日本産鳥類の卵と巣』まつやま書房。
梅原猛（2014a）『聖徳太子 2』（集英社文庫）。
梅原猛（2014b）『聖徳太子 3』（集英社文庫）。
浦本昌紀（1974）『新動物誌』朝日新聞社。
江口和洋・久保浩洋（1992）「日本産カササギ *Pica pica sericea* の由来——資料調査による」『山階鳥類研究所研究報告』24：32-39。
江口和洋（2016）「カササギ」『日本鳥学会誌』65：5-30。
大久間喜一郎・居駒永幸（2008）『日本書紀【歌】全注釈』笠間書院。
小笠原暠（1968）「冬季のキジとヤマドリの食性について」『山階鳥類研究所研究報告』5：351-362。
奥野卓司（2019）『鳥と人間の文化誌』筑摩書房。

小野蘭山（1992）『本草綱目啓蒙 4』平凡社。
片岡龍峰・山本和明・藤原康徳・塩見こずえ・國分亙彦（2020）「雉尾攷――『日本書紀』にみる赤気に関する一考察」『総研大文化科学研究』16：17-28。
笠原里恵（2021）「増える外来種，ひなに運ぶには大きく」『信濃毎日新聞』科学欄（8 月 2 日）。
Kawaji, N., Hayashi, T. and Matsuura, T. (2016) Home Range and Habitat Use of a Male Copper Pheasant *Syrmaticus soemmerringii* in a suburb in Toyo, Japan. *Journal of the Yamashina Institute for Ornithology*, 48: 29-35.
環境省 「ガンカモ類の生息数調査」https://www.biodic.go.jp/gankamo/gankamo_top.html Cicero, *De Divinatione*.
環境庁（1979）「トキの保護増殖のあり方について」（報告）（謄写刷り）。
環境庁（1981）『環境庁委託トキ捕獲事業報告』（環境庁）。
Kear, J. (ed.) (2005) *Ducks, Geese and Swans*, Vol. 1. Oxford University Press.
Knudsen, E.I. (1981) The Hearing of the Barn Owl. *Scientific American*, 245: 112-125.
Cullen, J.M. (1972) Some principles of animal communication. In: Hinde, R.A. (ed.) *Non-Verbal Communication*, pp. 101-122. Cambridge University Press.
国松俊英（1996）『鳥を描き続けた男』晶文社。
黒板勝美・国史大系編修会編輯（2000）『新訂増補 国史大系 日本書紀（前・後編）』吉川弘文館。
Griffith, S.C., Owens, I.P.F. and Tamura, K.A. (2002) Exra pair paternity in birds: A review of interspecific variation and adaptive function. *Molecular Ecology*, 11: 2195-2212.
小穴彪（1941）『日本鶏の歴史』日本鶏研究社。
幸田正典・山岸哲・原田俊司・堀田昌伸（1994）「個体数の急増している琵琶湖のカワウ *Phalacrocorax carbo* の食性に関する研究」『関西自然保護機構会報』16：43-48。
Cockburn, Margaret Bushby Lascelles (1858) *Neilgherry Birds and Miscellaneous*.
酒井聡樹・高田壮則・近 雅博（1999）『生き物の進化ゲーム』共立出版。
Sakakibara, T., Noguchi, M., Yoshii, C. and Azuma, A. (2020) Diet of the Osprey *Pandion haliaetus* in Inland Japan. *Ornithological Science*, 19-86.
坂本太郎・井上光貞・家永三郎・大野晋校注（2003）『日本書紀 1 ～ 5』（ワイド版岩波文庫）。
Southern, H. (1970) The natural control of a population of tawny owls (*Strix aluco*). J.Zool. (Lond.), 1962: 197-285.

佐野昌男（1973）『雪国のスズメ』誠文堂新光社。
佐野昌男（1990）「北海道利尻島におけるイエスズメの生息確認」『日本鳥学会誌』39：33-35。
Zahavi, A. (1975) Mate selection - a selection for a handicap principle. *Journal of Theoretical Biology*, 53: 205-214. 第 1 号, 2 頁.
Zahavi, A. (1977) The cost of honesty (further remarks on the handicap principle) *Journal of Theoretical Biology*, 67: 603-605.
島野智之・脇司（2020）「添い遂げたウモウダニ日本産トキと一緒に絶滅」『野鳥』No.848: 8-15。
白川静（1994）『文字逍遥』平凡社。
菅原浩・柿澤亮三編著（1993）『図説・日本鳥名由来辞典』柏書房。
Zuk, M., Johnson, K., Thornhill, R. & Ligon, J.D. (1990) Mechanisms of female choice in red jungle fowl. *Evolution*, 44: 477-485.
Suzuki, Toshitaka N., Wheatcroft, D., Griesser, M. (2017) Wild Birds Use an Ordering Rule to Decode Novel Call Sequences. *Current Biology*, 27(15): 2331-2336.
鈴木孝夫・日高敏隆・杉山幸丸（1975）「共同討議　言語の発生をめぐって——動物のことばと人間のことば」『月刊言語』4(7)：2-34。
Smith, William (1875) *A Dictionary of Greek and Roman Antiquities*, John Murray.
高島春夫（1947）「本号表紙の解」『鳥』12：110-111。
高島春夫（1948）「国鳥キジ」『野鳥』第 12 巻。
田中郁子・江崎保男・船越稔・山崎和仁・兵頭政幸（2016）「同一堆積物上におけるコウノトリ足跡の計測〜足跡に印跡動物の情報はどの程度残るのか〜」（ポスター発表）
丹下正治（1937）「ジュズカケ鳩における一腹の卵二個産卵順序と性の関係に就きての観察」『日本畜産学会報』10：3-4 号。
寺田寅彦（吉村冬彦）（1936）『橡の実』小山書店。
de Lope, F. & Møller, A. (1993) Female reproductive effort depends on the degree of ornamentation of their mates. *Evolution*, 47: 1152-1160.
土橋寛（1982）『古代歌謡全注釈　日本書紀編』角川書店。
鳥越憲三郎編（1983）『雲南からの道——日本人のルーツを探る』講談社。
中勘助（1983）『鳥の物語』岩波文庫。
那珂通世（1897）「上世年紀考」那珂通世／三品彰英増補『上世年紀考』（増補版）養徳社，所収。
中西悟堂（1963）『定本野鳥記（3）鳥を語る』春秋社。
中西悟堂（1964）『定本野鳥記（5）人と鳥』春秋社。

新田啓子・早川いくこ（2013）「オシドリ雌のパターンから営巣木を発見する方法と巣立ち日予測に関して」『山階鳥類学雑誌』44：102-106。
仁部富之助（1979）『野の鳥の生態 1』大修館書店。
日本鳥学会（2012）『日本鳥類目録（改訂第 7 版）』レタープレス株式会社。
農商務省農務局（1923）『鳥獣調査報告 第一號　雀類ニ関スル調査成績』。
紀宮清子・鹿野谷幸栄・安藤達彦・柿澤亮三（2002）「皇居と赤坂御用地におけるカワセミ *Alcedo atthis* の繁殖状況」『山階鳥研報』34（1）：112-125。
紀宮清子編（2005）『ジョン・グールド鳥類図譜総覧』玉川大学出版部。
羽田健三（1953）「信越国境に蕃殖分布するニュウナイスズメの一考察——Rutilans Line の提唱」『信州大学教育学研究論集』3：158-175。
羽田健三・小泉光弘・小林建夫（1965）「トビの生活史に関する研究，Ⅰ．繁殖期」『日本生態学会誌』15：199-208。
羽田健三・小泉光弘・小林建夫（1966）「トビの生活史に関する研究，Ⅱ．非繁殖期」『日本生態学会雑誌』16：71-78。
羽田健三・小堺則夫（1971）「ミソサザイの一夫多妻制について」『信州大学志賀自然教育研究施設研究業績』第 10 号：35-47。
東光治（1935）『萬葉動物考』人文書院。
東光治（1943）『萬葉動物考』（續）人文書院。
Higuchi, H., Ozaki, K., Fujita, G., Minton, J. & Ueta, M.（1996）Satellite Tracking of White-naped Crane Migration and the Importance of the Korean Demilitarized Zone. *Conservation Biology*, 10: 806-812.
常陸宮正仁・吉井正（1974）「鴨場におけるカモ類の捕獲数の変化」『山階鳥類研究所研究報告』7：351-361。
平島智拓・末広隆晃・山本洋二（2008）「アブダビの油田操業現場におけるミサゴ保護のための営巣用人工架台の設置」『山階鳥類学雑誌』117-123。
平藤喜久子（2019）『いきもので読む，日本の神話——身近な動物から異形のものまで集う世界』東洋館出版社。
福永武彦（2003）『現代語訳　古事記』河出文庫。
Petrie, M., Halliday, T. & Sanders, C. (1991) Peahens prefer Peacocks with elaborate trains. *Animal Behavior*, 41: 323-331.
Petrie, M. (1994) Improved growth and survival of offspring of peacocks with more elaborate trains. *Nature*, 371: 598-599.
ヘロドトス（松平千秋訳）（1971）『歴史』岩波書店。
Hoyo, J., Elliott, A. & Sargatal, J. (ed.) (1992) *Handbook of the birds of the world* (Vol.1). Lynx Edicions.

松岡茂（1995）「日本進出をはかる外国産鳥類」『農林水産技術研究ジャーナル』18：16-21。
三上修（2008）「日本にスズメは何羽いるのか？」*Bird Reseach*，4：A19-A29。
三上修（2009）「日本におけるスズメの個体数減少の実態」『日本鳥学会誌』58（2）：161-170。
水谷高英・叶内拓哉（2020）『日本の野鳥（第2版）』文一総合出版。
宮澤豊穂（2009）『日本書紀 全訳』ほおずき書籍。
Møller, A.P. (1988) Female choice selects for male sexual tail ornaments in the monogamous swallow. *Nature*, 332: 640-642.
Møller, A.P. (1992) Sexual selection in the monogamous barn swallow (*Hirundo rustica*). II. Mechanisms of sexual selection. *Journal of Evolutionary Biology*, 5: 603-624.
Mochizuki, S., Liu, D., Sekijima, T., Lu, J., Wang, C., Ozaki, K., Nagata, H., Murakami, T., Ueno, Y., and Yamagishi, S. (2015) Detecting the nesting suitability of the re-introduced Crested Ibis *Nipponia nippon* for nature restoration program in Japan. Journal for Nature Conservation.
森さやか（2019）「絶滅危惧種保全と外来種管理への保全遺伝学的アプローチ」上田恵介編『遺伝子から解き明かす鳥の不思議な世界』一色出版，344-368頁。
森貴久・川西誠一・Sodhi, N.S.・山岸哲（2007）「ダム湖を利用するホシハジロの個体数と浅水域面積」『応用生態工学』10：186-190。
Mori, Y., Sodhi, N.S., Kawanishi, S., and Yamagishi, S. (2001) The effect of human disturbance and flock composition on the distances of waterfowl species. *Journal of Ethology*, 19: 115-119.
柳田國男（1978）『海上の道』岩波文庫。
矢部治（1993）『万葉の鳥，万葉の歌人』東京経済。
山岸哲（1962）「カラスの就塒行動について」『日本生態学会誌』12：54-59。
Yamagishi, S. (1971) A study of the home range and the territory in Meadow Bunting (*Emberiza cioides*). 1. Internal structure of home range under a high density in breeding season. *Misc. Rep. of Yamashina Inst. for Ornithol.* 6: 356-388.
山岸哲（1973）「囀りの象徴する世界」『アニマ』4：65-73。
山岸哲（1976a）「ホオジロの白化雄個体の一観察」『野鳥』41：247-250。
山岸哲（1976b）「ホオジロの秋の囀りの機能」『生理・生態』17：69-77。
山岸哲（1978）「ホオジロの社会構造と繁殖番数の安定性」『山階鳥類研究所研究報告』10：199-299。

山岸哲（1981a）『モズの嫁入り——都市公園のモズの生態をさぐる』大日本図書。

山岸哲・明石全弘（1981b）「ホオジロのことば——さえずりの成り立ちとさえずり方」『アニマ』(5)：12-19。

Yamagishi, S. & Saito, M. (1985) Function of Courtship Feeding in the Bull-headed Shrike, *Lanius bucephalus*. *Journal of Ethology*, 3: 113-121.

山岸哲（1991）「鳥にやさしい川」『河川』No. 541：29-35。

Yamagishi, S., Nishiumi, I. and Shimoda, C. (1992) Extrapair fertilization in monogamous bull-headed shrikes revealed by DNA fingerprinting. *Auk*, 109: 711-721.

山岸哲（1996a）「モズ科」『日本動物大百科・鳥類Ⅱ』平凡社，85-88 頁。

山岸哲（1996b）河川環境と鳥①　KENSETSU HOKURIKU（北陸地方建設局）No. 1：15-16。

山岸哲（1996c）河川環境と鳥②　KENSETSU HOKURIKU（北陸地方建設局）No. 3：15-16。

山岸哲・松原始・平松山治・鷲見哲也・江崎保男（2009）「チドリ 3 種の共存を可能にしている河川物理，洪水にともなう砂礫の分級」『応用生態工学』12：79-85。

山岸哲（2012）「私が会長を勤めたころ」『日本鳥学会誌』62：21。

山階鳥類研究所（2010）「出雲市で越冬するヒシクイを衛星追跡」『山階鳥研 NEWS』22(4)：7。

山階鳥類研究所（2018）「2018 年鳥類標識調査報告書」http://www.biodic.go.jp/banding/pdf/banding_h31.pdf

横田義男・呉地正行・大津真理子（1982）「日本のガンの分布，羽数及び生息状況」『鳥』30：149-161。

リーチ，エドマンド（諏訪部仁訳）（1986）「言語の人類学的側面——動物のカテゴリーと侮蔑語について」『現代思想』青土社，4(3)：68-91 頁。

ルロア，イヴリーヌ（稲垣新・番場州一訳）（1983）『動物の音声の世界』共立出版。

Waki, T. & Shimano, S. (2020) A report of infection in the crested ibis *Nipponia nippon* with feather mites in current Japan. *Journal of Acarological Society of Japan*, 29: 1-8.

事項・人名（神名）索引

■ 事項

[さ行]

[た行]

[な行]

■ 人名（神名）

種名索引

（基本的には，日本鳥学会鳥類目録改訂第7版の掲載順序による。太字は原色図版のある種，あるいは亜種及び図版の掲載頁を示す。）

著者略歴

山岸　哲（やまぎし　さとし）

昭和14（1939）年，長野県須坂市に生まれる。信州大学教育学部卒業（京都大学理学博士）。大阪市立大学理学部教授，京都大学理学部教授，山階鳥類研究所長，新潟大学朱鷺・自然再生学研究センター長，兵庫県立コウノトリの郷公園長を歴任。この間，日本鳥学会長，応用生態工学会長などを務める。『Birds（バーズ） Note（ノート）』（信濃毎日新聞社），『モズの嫁入り』（大日本図書），『マダガスカル自然紀行』（中央公論新社），『けさの鳥』（朝日新聞社），『げんきくん物語』（講談社），『日本の希少鳥類を守る』（編著，京都大学学術出版会）など著書・編書・訳書多数。平成11（1999）年に山階芳麿賞受賞。平成19（2007）年に環境大臣表彰。大阪市立大学名誉教授。

宮澤豊穂（みやざわとよほ）

昭和25（1950）年，長野県上水内郡戸隠村（現長野市）に生まれる。地元の小中学校卒業を経て，長野高校へ進学。伊勢の皇学館大学文学部国史学科卒業後，長野県内の中学校に勤務。その間『日本書紀』の全訳に取り組み，平成21（2009）年に「ほおずき書籍」より上梓。平成元（1989）年には，戸隠神社に奉仕する聚長に就任。教員退職後は，戸隠神社伝来の御神楽の楽長職を拝命。現在は，「笑顔を広げる」「『日本書紀』に学ぶ」を2本柱として，「豊穂塾」を主宰。平成22（2010）年に神社本庁内財団法人神道文化会より出版功労章受章。

挿絵画家紹介

小林重三（しげかず）(1887 ～ 1975 年)

福岡県小倉市（現・北九州市）に生まれる。大正 8 (1911) 年，松平頼孝（よりなり）子爵の招きで上京。「松平鳥類標本館」で標本を見ながら，鳥類図鑑の鳥類画を専門に描き続けた。現代日本の鳥類・動物画の草分けといわれ，わが国の鳥類三大図鑑とされる黒田長禮の『鳥類原色大図説』，山階芳麿の『日本の鳥類と其生態』，清棲幸保の『日本鳥類大図鑑』に鳥類画を多数描いた。本書のほとんどの鳥類図は，昭和 49 (1974) 年に講談社より出版された内田清之助の『最新日本鳥類図説』より小林重三の描いた絵図を複製したものである。絵図は黒田長禮や山階芳麿の厳しい指導の下，正確無比であることは言を待たないが，それだけではなく，松平頼孝の助言によって，温かく生き生きと描かれている。

小林重三の生涯については国松俊英の『鳥を描き続けた男』(晶文社）に詳しい。

日本書紀の鳥　学術選書 104

2022年5月15日　初版第1刷発行

著　　者…………山岸 哲
　　　　　　　　宮澤 豊穂
発 行 人…………足立 芳宏
発 行 所…………京都大学学術出版会
京都市左京区吉田近衛町 69
京都大学吉田南構内（〒606-8315）
電話（075）761-6182
FAX（075）761-6190
振替 01000-8-64677
URL http://www.kyoto-up.or.jp
印刷・製本…………㈱太洋社
装　　幀…………上野かおる

ISBN 978-4-8140-0405-8

定価はカバーに表示してあります　Printed in Japan

073 異端思想の５００年 グローバル思考への挑戦 大津真作
074 マカベア戦記㊦ ユダヤの栄光と凋落 秦 剛平
075 懐疑主義 松枝啓至
076 埋もれた都の防災学 都市と地盤災害の２０００年 釜井俊孝
077 集成材〈木を超えた木〉開発の建築史 小松幸平
078 文化資本論入門 池上 惇
079 マングローブ林 変わりゆく海辺の森の生態系 小見山 章
080 京都の庭園 御所から町屋まで㊤ 飛田範夫
081 京都の庭園 御所から町屋まで㊦ 飛田範夫
082 世界単位 日本 列島の文明生態史 高谷好一
083 京都学派 酔故伝 櫻井正一郎
084 サルはなぜ山を下りる？ 野生動物との共生 室山泰之
085 生老死の進化 生物の「寿命」はなぜ生まれたか 高木由臣
086 ？◉！ 哲学の話 朴 一功
087 今からはじめる哲学入門 戸田剛文 編
088 どんぐりの生物学 ブナ科植物の多様性と適応戦略 原 正利
089 何のための脳？ ＡＩ時代の行動選択と神経科学 平野丈夫
090 宅地の防災学 都市と斜面の近現代 釜井俊孝
091 発酵学の革命 マイヤーホッフと酒の旅 木村 光
092 股倉からみる『ハムレット』 シェイクスピアと日本人 芦津かおり
093 学習社会の創造 働きつつ学び貧困を克服する経済を 池上 惇
094 歌う外科医、介護と出逢う 肝移植から高齢者ケアへ 阿曽沼克弘
095 中国農漁村の歴史を歩く 太田 出
096 生命の惑星 ビッグバンから人類までの地球の進化㊤ C・H・ラングミューアーほか著 宗林由樹 訳
097 生命の惑星 ビッグバンから人類までの地球の進化㊦ C・H・ラングミューアーほか著 宗林由樹 訳
098 「型」の再考 科学から総合学へ 大庭良介
099 色を分ける 色で分ける 日高杏子
100 ベースボールと日本占領 谷川建司
101 タイミングの科学 脳は動作をどうコントロールするか 乾 信之
102 乾燥地林 知られざる実態と砂漠化の危機 吉川 賢
103 異端思想から近代的自由へ 大津真作
104 日本書紀の鳥 山岸 哲・宮澤豊穂

035 ヒトゲノムマップ　加納　圭
036 中国文明　農業と礼制の考古学　岡村秀典　諸6
037 新・動物の「食」に学ぶ　西田利貞
038 イネの歴史　佐藤洋一郎
039 新編　素粒子の世界を拓く　湯川・朝永から南部・小林・益川へ　佐藤文隆 監修
040 文化の誕生　ヒトが人になる前　杉山幸丸
041 アインシュタインの反乱と量子コンピュータ　佐藤文隆
042 災害社会　川崎一朗
043 ビザンツ　文明の継承と変容　井上浩一　諸8
044 江戸の庭園　将軍から庶民まで　飛田範夫
045 カメムシはなぜ群れる？　離合集散の生態学　藤崎憲治
046 異教徒ローマ人に語る聖書　創世記を読む　秦　剛平
047 古代朝鮮　墳墓にみる国家形成　吉井秀夫　諸13
048 王国の鉄路　タイ鉄道の歴史　柿崎一郎
049 世界単位論　高谷好一
050 書き替えられた聖書　新しいモーセ像を求めて　秦　剛平
051 オアシス農業起源論　古川久雄
052 イスラーム革命の精神　嶋本隆光
053 心理療法論　伊藤良子　心7
054 イスラーム　文明と国家の形成　小杉　泰　諸4
055 聖書と殺戮の歴史　ヨシュアと士師の時代　秦　剛平
056 大坂の庭園　太閤の城と町人文化　飛田範夫
057 歴史と事実　ポストモダンの歴史学批判をこえて　大戸千之
058 神の支配から王の支配へ　ダビデとソロモンの時代　秦　剛平
059 古代マヤ　石器の都市文明［増補版］　青山和夫　諸11
060 天然ゴムの歴史　ヘベア樹の世界一周オデッセイから「交通化社会」へ　こうじや信三
061 わかっているようでわからない数と図形と論理の話　西田吾郎
062 近代社会とは何か　ケンブリッジ学派とスコットランド啓蒙　田中秀夫
063 宇宙と素粒子のなりたち　糸山浩司・横山順一・川合 光・南部陽一郎
064 インダス文明の謎　古代文明神話を見直す　長田俊樹
065 南北分裂王国の誕生　イスラエルとユダ　秦　剛平
066 イスラームの神秘主義　ハーフェズの智慧　嶋本隆光
067 愛国とは何か　ヴェトナム戦争回顧録を読む　ヴォー・グエン・ザップ著・古川久雄訳・解題
068 景観の作法　殺風景の日本　布野修司
069 空白のユダヤ史　エルサレムの再建と民族の危機　秦　剛平
070 ヨーロッパ近代文明の曙　描かれたオランダ黄金世紀　樺山紘一　諸10
071 カナディアンロッキー　山岳生態学のすすめ　大園享司
072 マカベア戦記㊤　ユダヤの栄光と凋落　秦　剛平

学術選書 [既刊一覧]

＊サブシリーズ 「心の宇宙」→心 「諸文明の起源」→諸
「宇宙と物質の神秘に迫る」→宇

001 土とは何だろうか？ 久馬一剛
002 子どもの脳を育てる栄養学 中川八郎・葛西奈津子
003 前頭葉の謎を解く 船橋新太郎 心1
005 コミュニティのグループ・ダイナミックス 杉万俊夫 編著 心2
006 古代アンデス 権力の考古学 関 雄二 諸12
007 見えないもので宇宙を観る 小山勝二ほか 編著 宇1
008 地域研究から自分学へ 高谷好一
009 ヴァイキング時代 角谷英則 諸9
010 GADV仮説 生命起源を問い直す 池原健二
011 ヒト 家をつくるサル 榎本知郎
012 古代エジプト 文明社会の形成 高宮いづみ 諸2
013 心理臨床学のコア 山中康裕 心3
014 古代中国 天命と青銅器 小南一郎 諸5
015 恋愛の誕生 12世紀フランス文学散歩 水野 尚
016 古代ギリシア 地中海への展開 周藤芳幸 諸7
018 紙とパルプの科学 山内龍男
019 量子の世界 川合 光・佐々木節・前野悦輝ほか編著 宇2
020 乗っ取られた聖書 秦 剛平
021 熱帯林の恵み 渡辺弘之
022 動物たちのゆたかな心 藤田和生 心4
023 シーア派イスラーム 神話と歴史 嶋本隆光
024 旅の地中海 古典文学周航 丹下和彦
025 古代日本 国家形成の考古学 菱田哲郎 諸14
026 人間性はどこから来たか サル学からのアプローチ 西田利貞
027 生物の多様性ってなんだろう？ 生命のジグソーパズル 京都大学総合博物館・京都大学生態学研究センター編
028 心を発見する心の発達 板倉昭二 心5
029 光と色の宇宙 福江 純
030 脳の情報表現を見る 櫻井芳雄 心6
031 アメリカ南部小説を旅する ユードラ・ウェルティを訪ねて 中村紘一
032 究極の森林 梶原幹弘
033 大気と微粒子の話 エアロゾルと地球環境 笠原三紀夫・東野 達 監修
034 脳科学のテーブル 日本神経回路学会監修／外山敬介・甘利俊一・篠本滋編